农业对外合作与乡村振兴 系列丛书

Agricultural Foreign Cooperation and Rural Revitalization

世界银行贷款中国经济改革促进与能力加强技术援助项目（TCC6）

# 农村人居环境整治模式与政策体系研究

RESEARCH ON THE GOVERNANCE MODEL AND
POLICY SYSTEM OF RURAL LIVING ENVIRONMENT

农业农村部对外经济合作中心
中国农业科学院农业资源与农业区划研究所 编著

U0322441

中国农业出版社
北 京

# 《农村人居环境整治模式与政策体系研究》
## 编 辑 委 员 会

主　　任：张陆彪

副 主 任：胡延安　冯　勇　李洪涛　李　岩　李志平


主　　编：尹昌斌　李志平

执行主编：王　庚

副 主 编：张　洋　吴国胜　于浩淼　陈印军　金书秦
　　　　　李贵春

参　　编：焦　健　杨紫洪　郝艾波　龙昭宇　任　静
　　　　　杨晓梅　王　术　师博扬　刘文华　卢　珺
　　　　　姚羽佳

　　党的十九大报告提出实施乡村振兴战略，并提出"产业兴旺、生态宜居、乡风文明、治理有效、生活富裕"的总要求，改善农村人居环境作为乡村振兴战略的重要内容，牵涉面广、涉及部门多，涵盖农业农村生产生活生态等方面，成为近年来中国农业农村工作的重要内容。2018年2月，中共中央办公厅、国务院办公厅印发的《农村人居环境整治三年行动方案》，提出以建设美丽宜居乡村为主要任务，以推进农村生活垃圾治理、生活污水治理、开展厕所粪污治理、提升村容村貌为重点，加快补齐农村人居环境突出短板。2018年4月23日，习近平总书记对推广浙江"千村示范、万村整治"经验做出重要指示，要结合实施农村人居环境整治三年行动计划和乡村振兴战略，进一步推广浙江好的经验做法，建设好生态宜居的美丽乡村。2020年中央1号文件提出扎实搞好农村人居环境整治，要求全面推进农村生活垃圾治理，开展就地分类、源头减量试点；梯次推进农村生活污水治理，优先解决乡镇所在地和中心村生活污水问题，开展农村黑臭水体整治；分类推进农村厕所革命，东部地区、中西部城市近郊区等有基础有条件的地区要基本完成农村户用厕所无害化改造，其他地区实事求是确定目标任务，各地要选择适宜的技术和改厕模式，先搞试点，证明切实可行后再推开；支持农民群众开展村庄清洁和绿化行动，推进"美丽家园"建设；鼓励有条件的地方对农村人居环境公共设施维修养护进行补助。

　　自开展农村人居环境整治行动以来，各地区持续加大资金投入力度，积极探索适宜区域特征的农村人居环境整治模式，总结推广农村人居环境整治经验。至2020年年底，三年行动方案目标任务基本完成，扭转了农村长期存在的脏乱差局面，基本实现干净整洁有序。全国农村生活垃圾收运处置体系已覆盖全国90%以上的行政村，农村生活污水治理水平有新的提高，农村卫生厕所普及率超过68%，2018年以来新改造农村户厕累计超过4 000万户，95%以上的村庄开展了清洁行动，村庄道路、供水、垃圾污水处理等基础设施建设有序推进，村容村貌明显改善。

为全面了解当前中国农村人居环境整治现状，及时总结典型模式与经验做法，亟待系统梳理我国农村人居环境整治的政策措施，并进一步在具有代表性省份选择典型村庄开展相关调研，结合国外发达国家农村人居环境整治的经验，分区域、分类别总结适宜于不同区域特征的农村人居环境整治模式，提出加快推进农村人居环境整治的政策支持体系，为我国"十四五"农村人居环境提升行动，以及发展中国家农村人居环境治理提供思路和经验。世界银行贷款中国经济改革促进与能力加强技术援助项目（TCC6）子项目"农村人居环境整治模式与政策体系研究"为该项成果提供资助。

目 录

前言

# 上篇　研究报告

下篇　项目案例集

# 上篇 | SHANGPIAN

# 研究报告

上篇　研究报告

# 一、我国农村环境整治的技术路径选择和建设模式

## （一）我国农村人居环境整治现状

### 1. 农村人口及村庄整体状况

伴随城市化进程不断推进，我国城镇人口持续增长，农村人口呈下降趋势，2008年我国农村人口数量为70 399万人，占全国总人口50%以上，至2019年，我国农村人口数量下降至55 162万人，占比下降至39.40%。

截至2018年，我国共有行政村52.68万个，自然村245.19万个。按照人口规模不同，具体村庄数量、比例情况见表1-1、图1-1。根据《中国城乡建设统计年鉴(2018)》统计，人口数量在500人以下的行政村为8.68万个，占比16.48%；人口数量500~1 000人的行政村数量为13.88万个，占比26.35%；人口数量1 000人以上的行政村数量最多，为30.12万个，占比57.17%。

表1-1 2018年我国不同人口规模村庄数量

单位：万个；%

| 项目 | 行政村个数 | | | 自然村 |
| --- | --- | --- | --- | --- |
| | 500人以下 | 500~1 000人 | 1 000人以上 | |
| 个数 | 8.68 | 13.88 | 30.12 | 245.19 |
| 比例 | 16.48 | 26.35 | 57.17 | — |

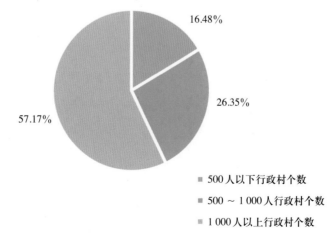

图1-1 2018年我国不同人口规模村庄比例

3

## 2.农村生活垃圾分类减量处理

### (1) 农村生活垃圾整体状况

当前，我国农村生活垃圾产生量约为1.8亿吨/年，人均垃圾产生量为0.8千克/天，其中至少有0.7亿吨以上的农村生活垃圾未作任何处理。农村地区垃圾收集、处置率仍有较大提升空间。

目前，我国农村生活垃圾呈现以下污染特征：一是农村生活垃圾产生范围广，分布分散，后续处理费用高。农村特殊的人居环境，使得农村人口的居住方式与城市相比较为分散，加大了农村生活垃圾收运以及后续集中处置的成本。二是农村生活垃圾的危害性增强。农村生活垃圾在数量上增加的同时，垃圾成分也产生了较大的变化，生活垃圾中难以降解的成分越来越多，废旧家电、废电池、废铅蓄电池等比例逐渐上升。三是不同区域农村生活垃圾量差异较大，且容易受到季节因素影响。我国农村生活垃圾人均日产生量最大的地区在东部，其次是中部，然后是东北部，西部产生量最小。此外，农村生活垃圾产生量还会随季节变化而波动，呈一定的规律性。

### (2) 农村生活垃圾处理现状

截至2018年年底，全国农村生活垃圾得到有效处理的行政村比例已超过80%（表1-2），较2013年增长超过43.4%；全国已建成生活垃圾收集、转运、处理设施450多万个（辆）；有11个省（区、市）通过整省验收，69%的非正规垃圾堆放点整治任务已经完成；实行生活垃圾分类的行政村数量超过10万个，约占行政村总数的19%；在全国100个垃圾分类示范县中有80%的乡镇、64%的行政村已经实行垃圾分类，垃圾减量达1/3以上。

表1-2 2018年我国东、中、西部农村生活垃圾处理情况

| 区域分布 | 建制镇数量（个） | 对生活垃圾进行处理的建制镇 | |
| --- | --- | --- | --- |
| | | 数量（个） | 占比（%） |
| 东部地区 | 6 536 | 5 532 | 84.64 |
| 中部地区 | 5 963 | 4 713 | 79.04 |
| 西部地区 | 5 838 | 4 565 | 78.19 |
| 全国 | 18 337 | 14 810 | 80.77 |

注：数据来源于《中国城乡建设统计年鉴（2018）》。

2019年上半年，全国80%以上的村庄已开展清洁行动，新开工建设农村生活垃圾处理设施5万多座，累计清理农村生活垃圾4 000多万吨，村沟、村塘淤泥3 000多万

吨，清除村内残垣断壁400多万处。截至2019年年底，农村生活垃圾收运处置体系已覆盖全国84%以上的行政村。

### 3.农村生活污水产排及治理

#### （1）农村生活污水产排现状

农村生活污水包括洗涤、沐浴、厨房炊事、粪便及其冲洗水等，主要污染物质有氨氮（$NH_3$-N）、总氮（TN）、总磷（TP）以及病原菌、寄生虫卵等。目前我国农村生活污水排放量每年为90多亿吨。总体而言，我国农村生活污水排放特点是：①面广、分散。村庄分散的地理分布特征造成污水分散，难以收集。②来源少、成分单一。主要来自冲厕、洗漱、厨房洗刷及家庭清洁等污水。③增长快、排放时段集中。随着农民生活水平的提高以及农村生活方式的改变，生活污水的产生量也随之增长；排放时段主要集中在早中晚三个时段，其余时间排放量相对较少。④区域间排放差异大。农村生活排放量和污染物成分，因不同区域水资源、生活习惯及经济发展水平存在较大差异。一般来说，我国东部经济发达、水资源丰富地区的农村居民生活污水排放量要高于东北、西部等欠发达地区。

#### （2）农村生活污水治理成效

截至2018年年底，全国已有53.17%的建制镇对生活污水进行处理，污水乱排乱放现象明显减少。从各区域来看，东部地区治理情况最优，占比62.18%的建制镇开展生活污水治理；西部地区次之，占比54.44%；中部地区开展生活污水治理建制镇比例不足50%。至2020年年底，农村基本建立生活污水治理规划标准体系。

表1-3　2018年我国东、中、西部农村生活污水治理情况

| 区域分布 | 建制镇数量（个） | 对生活污水进行处理的建制镇 | |
| --- | --- | --- | --- |
| | | 数量（个） | 占比（%） |
| 东部地区 | 6 536 | 4 064 | 62.18 |
| 中部地区 | 5 963 | 2 507 | 42.04 |
| 西部地区 | 5 838 | 3 178 | 54.44 |
| 全国 | 18 337 | 9 749 | 53.17 |

注：数据来源于《中国城乡建设统计年鉴（2018）》。

#### （3）农村生活污水治理技术模式

我国各地区积极探索多种农村生活污水处理技术模式，除化粪池、沼气池、一体化

处理装置、生物接触氧化池、脱氮除磷活性污泥法、膜生物反应器等生物处理技术外，还有人工湿地、土地渗滤等生态技术以及"生物＋生态"组合处理技术模式。

目前，我国在农村生活污水处理技术模式上取得一定成就，但仍存在一些问题：一是技术模式单一。虽然污水治理技术模式多样，但由于我国农村经济、环境、地域特征等因素多样，真正能够投入到农村发挥重要作用的技术相对单一。例如人工湿地是目前较为普遍的生活污水治理技术之一，但其在一些地方单一应用并不合理，尤其是在不具备湿地生态结构的山区，强行推广不仅投入过大，而且会与地区的生态环境发展不一致，造成适得其反的效果。另外，人工湿地对于氨氮的降解能力较差，使得农村生活污水治理效果难以达到目标要求。二是技术模式缺少创新。从农村当前的生活污水治理水平来看，技术模式缺少创新，从而造成农村污水治理效果难以达到预期。由此可见，农村生活污水处理技术模式尚未得到全面发展与合理应用，仍有待创新。

实际上，广大农村地区与城市截然不同，大多数农村拥有丰富的能够天然消纳生活污水的土地、生态资源，充分利用农村土地、生态资源，正确引导因地制宜开展农村生活污水处理与资源化利用，是解决农村生活污水治理的重要途径。

### 4. 农村厕所改造整体推进

#### （1）农村厕所改造成效

通过推行农村厕所革命，我国农村卫生厕所数量和卫生厕所普及率逐年增加。据第三次全国农业普查公报，截至2020年年底，全国农村卫生厕所普及率达68%，据测算，每年提高约5个百分点。2018年以来累计改造农村户厕4 000多万户，其中，东部地区、中西部城市近郊区等有基础、有条件的地区实现无害化处理的农村卫生厕所普及率超过90%，北京、天津、上海、浙江、福建、广东6省（市）超过98%；中西部有较好基础、基本具备条件的地区农村卫生厕所普及率超过85%；地处偏远、经济欠发达等地区开展卓有成效的试点示范。随着农村厕所革命的全面开展，农村地区缺少卫生厕所状况有所缓解，有关疾病发生、流行得到一定控制，农民健康卫生意识有所提高，农村改厕工作受到广大农民群众的普遍欢迎和高度认可。

#### （2）农村厕所改造模式

根据《农村户厕建设技术要求（试行）》和《农村户厕卫生规范》（GB19379—2012）有关要求，卫生厕所指：厕屋应有墙、有顶、有门、清洁、基本无臭味，粪便暂存或处理设施（贮/化粪池）应无渗漏、无粪便暴露，无蝇蛆，能有效降低粪便中生物性致病因子的设施或措施，粪便就地处理或异地集中处理后，应符合《粪便无害化卫生要求》（GB7959—2012）的规定。卫生厕所应达到三个目标：一是建立干净、卫生、私密的如厕环境。二是没有健康风险。粪便实现无害化处理，消除疾病传播风险。三是没有环境风险。厕所粪便经过安全储存和处理，对周边地表水体和地下水不造成污染。

我国地域广阔，区域间资源禀赋、地形地貌、气候特征以及生活习惯等不尽相同，在农村厕所改造的进程中，不同区域形成了具有区域特点的厕所改造模式。其中，在农村改厕发展模式方面，使用率较高的模式主要有三格式粪池厕所、具有完全上下水道水冲式厕所和无害化生态旱厕等。

①三格式水冲厕所

三格式水冲厕所由水冲式便器（图1-2）和三格式化粪池（图1-3）组成，化粪池由三个过粪管相连的池体组成，其材质通常为塑料，体积1.5～1.8立方米，浅埋于地。粪污在密闭环境下经过沉降、厌氧消化等，去除和杀灭寄生虫卵等病原体，控制蚊蝇滋生。第三格化粪池需定期清掏，可用作农家肥浇地或室外绿化带施肥。在成本方面，便器、管道、化粪池等材料及施工费户均投入1 500～2 000元（不含厕屋、盥洗设施等，寒冷地区需增加保温防冻措施，费用有所增加），四口之家正常使用的情况下一般每年清掏3～4次，共需费用100～200元。该厕所适用范围广，全国大部分地区可以使用，但寒冷地区应增加防冻保温措施。目前，广泛应用于我国东部经济发达地区和南方水资源较丰富地区。

图1-2　水冲式便器

图1-3　三格式化粪池

②生物降解式厕所

生物降解式厕所又称为无害化生态旱厕，分为有动力（图1-4）和无动力（图1-5）两种装置。在化粪池中添加秸秆粉末、木屑等填料和粪便混合，利用微生物对粪便生物降解。有动力的能降解充分，残余物少；无动力的一般能降解到堆肥程度，可回田利用。该厕所免水冲，需添加生物强化菌剂、适宜的温度和湿度、搅拌和覆盖料，建造简便，使用简单，适用于干旱及寒冷地区。成本方面，每个厕所投入3 000～5 000元，无动力装置的菌剂费用约50元/年，有动力的运行维护费500～800元/年（主要是电费、菌剂费等）。

图1-4　有动力装置厕所

图1-5　无动力装置厕所

③集中下水道式户厕

单户修建一格或两格简易化粪池，对厕所粪污液化和初步处理后，通过管网统一收集，进入集中污水处理设施，与城市污水收集管网原理基本相同。可使用常规水冲，并同步处理生活排水，建设成本相对较高。该模式适用于经济条件较好、居住密度较大的城市近郊区、集镇等地区，常见于城郊融合类村庄和撤并搬迁新建村庄。成本主要为管网和污水处理设施投入，户均投入8 000 ～ 10 000元，每年污水处理设施运维管护费户均150 ～ 300元。

④粪尿分集式户厕

该厕所实现粪便和尿液分开收集，对粪便采用干化方法，加草木灰等覆盖料进行遮掩、吸味和脱水，利用太阳能盖板加热干燥，以达到无害化卫生要求（图1-6）。在运行方面，无需水冲、用电，造价低，建造简单，管理方便，需覆盖细碎物料，经处理后可产农家肥直接还田利用。该模式适用于干旱缺水地区，寒冷地区也可应用，在山东、山西、甘肃等地有一定应用。成本主要包括储粪池、储尿桶、盖板、粪

图1-6　粪尿分集式户厕

尿分集式便器等材料及施工费，户均投入2 000 ～ 2 500元。

⑤双瓮式户厕

该厕所原理与三格式户厕基本相同，通过过粪管相连的两个瓮形储粪池，对粪污进行沉降和厌氧消化，去除和杀灭寄生虫卵等病原体，控制蚊蝇滋生。在使用方面，少水

冲，无需用电，建设成本低。结构、施工和日常维护、管理简单，需要定期清掏。与三格式户厕相比，双瓮式户厕的有效容积利用率低，粪污处理效率和稳定性稍差，对安装和施工质量要求较高。在我国河南、河北、山东等中原地区、西北地区应用较多。成本主要包括便器、瓮形储粪池、管道等材料及施工费，户均投入 1 200 ～ 1 500 元，一般每年清掏3~4次，共需费用 100 ～ 200 元。

**（3）改厕建管机制现状**

通过设立农村厕所运行维护专项资金、鼓励社会资源参与农村厕所建造与维护、发挥农户在厕所养护与管理方面的主体作用、组建第三方专业机构服务团队等一系列措施，我国部分区域已经初步建立政府引导与市场互作、建管并重的农村厕所建设、管护机制。

健全长效管护体系，发动群众，管收用并重，责权利一致。通过不断"回头看"和问题排查整改，推动改厕工作重心逐渐由推进建设进度向建立长效管护工作机制转变，逐步建立起"管收用并重、责权利一致"的长效管护机制，确保"厕具坏了有人修、粪液满了有人抽、抽走之后有效用"。为保证改厕效果持续令农民群众满意，对已改户厕维修、管护，粪液、粪渣无害化处理和资源化利用情况严格督导检查，在后续管护上注重发动群众，组建农村户厕管护工作队伍，通过召开座谈会、走村入户、发放宣传资料、政务微信微博公众号等方式，宣传后续管护的支持政策、使用方法和注意事项等，打消群众的使用顾虑，以确保新厕所建好一个、管好一个、用好一个。

专业公司特许经营，建管运维一体推进。为解决农村改厕工作中"建管分离、重建轻管"的问题，部分地区探索了市场化运营模式，将改厕工程的设计、采购、施工、运营交由市场化专业公司来实施，实现了农村厕所建设、管理、运营、维护一体化，推进管护与产业发展结合。除了第三方维护、接入地下污水管网外，重点仍然是鼓励农户自行抽取还田，给农田补充有机肥，减少化肥施用量。实施粪污治理、综合利用，通过出台政策、宣传引导等措施，鼓励乡镇、农民专业合作社或农业企业、有机肥公司与运营公司、农户签订粪肥合作协议，实现资源化利用，打造企农共赢生态链。

坚持因地制宜，确立后期管护方式，破解农村改厕资金紧张难题。与国家政策性银行对接，在此基础上，还通过财政系统申请农村厕所革命专项债券，统筹使用各类涉农资金，发挥最大效益，并制定分类奖补政策加大对改厕工作的扶持力度，对集中铺设污水管网、建有污水设施的村庄，费用按县、乡、村一定比例分级负担。同时，鼓励和引导群众以投资投劳、自改自建等形式积极参与，为建设美丽家园献计出力。另外，建立使用者付费制度，偿还改厕贷款。在充分尊重农民群众意愿的前提下，对改厕后续的污水处理项目，按照使用者付费原则收取处置费用，推动建立长效管护工作机制。

强化质量监管，保证改厕效果。成立专门的改厕工作领导小组，负责审规划、盯项目、催进度、把质量，对组织管理、工程质量、安全责任等不间断巡查监督、考核评估，发现问题，就地解决。实行"五统一"，即统一改厕模式、统一采购厕具、统一施工标准、统一奖补政策、统一组织验收。邀请专家对镇、村参与改厕工作人员开展技术培训，同时完善厕所改造、验收、整改档案，上报市、省进行抽验、复验，坚决杜绝改厕质量不合格、上报数据不准确等现象，确保厕所改造数据准确、质量合格、群众满意。

### 5.村容村貌整治整体推进

据统计数据显示，截至2018年年末，村农村居民人均住房建筑面积达32.71平方米，乡农村居民人均住房建筑面积达33.22平方米，建制镇农村居民人均住房建筑面积达36.05平方米；全国99.3%的农村已通公路，村委会到最远自然村、居民定居点距离以5千米以内为主；通电、装配路灯和通电话的农村占比分别达99.7%、61.9%和99.5%；10 995万户农户的饮用水为经过净化处理的自来水，75.24%的村、86.12%的乡和95.12%的建制镇实现了集中或部分集中供水。到2019年年底，全国超过90%的行政村开展村容村貌整治，农村清洁程度显著提高，一大批村庄村容村貌得到明显改善，全国基本实现具备条件的乡镇、建制村100%通硬化路、通电、通电话，农村道路配备路灯的比例显著提高；超过90%的乡镇实现了集中或部分集中设施供水。通过四旁植树、村屯绿化、庭院美化等农村增绿行动，乡村绿化率显著提升，日益趋近"山地森林化、农田林网化、村屯园林化、道路林荫化、庭院花果化"的乡村绿化总体目标。

另一方面，村容村貌整治方面还存在一定问题，尤其是在村庄规划方面，具体表现为村庄建设土地资源浪费，公共设施、生产生活空间布局不合理，居住区散落情况比较严重等。旧村被闲置，没有得到改造或者复垦，新村则存在耕地被占用的问题。各地根据农村人居环境整治的整体要求，结合自身区域特征，开展实施一系列相关措施与行动，取得初步成效。例如，上海市，通过村庄规划重点解决村庄面貌陈旧、用地低效、配套短缺的自然村的群众安居问题。截至2019年7月，全市村庄布局规划编制全面完成，明确保留村、撤并村土地边界和规模，落实农民相对集中居住规划安置空间。截至2019年年底，全市86个涉农街镇的郊野单元村庄规划编制和审批工作全部完成；84个应编制郊野单元（村庄）规划的镇中，已形成规划成果75个，占89.3%；24个已完成审批，占29%。目前，全市乡村振兴示范村全部实施村庄设计，2019年示范村中已有16个形成成果。两项规划的编制完成为各涉农区域统筹推进农民相对集中居住、分类开展村庄建设、高效配置公共服务设施提供了基础支撑。

上海市崇明区为强化农民相对集中居住点的配套功能，提升农民生活品质，在各镇村庄布局规划和郊野单元村庄规划编制过程中，毗邻镇区选址规划农民居住点，共享现有城镇公共服务配套设施，并优先落实规划农村公共服务配套设施建设，实现城乡配套一体化，在实现土地集约节约的同时，激活城镇发展优势。

## （二）我国农村人居环境整治的主要措施

2018年以来，中央农办、农业农村部会同有关部门深入贯彻习近平总书记重要指示批示精神，贯彻落实党中央、国务院决策部署，牢固树立"一盘棋"思想，合力推进农村人居环境整治各项工作。按照职责分工，深入推进生活垃圾治理、生活污水治理、厕所革命、村容村貌提升等四个方面开展工作。

### 1. 农村生活垃圾治理

农村生活垃圾治理，是乡村生态振兴的重要基础和农村人居环境整治的重点任务之一。尽管近年来各级政府在农村生活垃圾治理方面采取一系列有力、有效措施，取得一定成效。截至2020年，农村生活垃圾治理基本实现全覆盖。农村生活垃圾进行收运处理的行政村比例超过90%，全国排查出的2.4万个非正规垃圾堆放点整治基本完成。"村收集、镇转运、县处理"模式覆盖大多数村庄，村庄保洁制度基本建立，全国村庄保洁员近300万名，平均每个自然村1名。在141个县（市、区）开展了农村生活垃圾分类和资源化利用示范，示范县50%以上自然村开展垃圾分类。

### （1）集中整治非正规垃圾堆放点

中央农办、农业农村部、住房和城乡建设部于2019年10月21日在河南兰考召开全国农村生活垃圾治理工作推进现场会，针对农村生活垃圾治理的重点与难点进行研讨和工作部署。住房城乡建设部印发《关于建立健全农村生活垃圾收集、转运和处置体系的指导意见》，结合2017年认定的100个农村生活垃圾分类和资源化利用示范县的经验推广，指导各地推进垃圾分类减量先行、优化收运处置设施布局、加强收运处置设施建设，并建立每周汇总工作进度、每季度通报工作进展的机制，督促各地加快推进非正规生活垃圾堆放点整治，农村生活垃圾收运处置体系已覆盖全国84%以上行政村。截至2019年年底排查出的2.4万个非正规垃圾堆放点中已有82%完成整治。

### （2）重点推进农村垃圾分类工作

各地方政府深入学习贯彻习近平总书记关于改善农村人居环境的重要指示精神，以农村生活垃圾分类为突破口，不断加强在农村生活垃圾治理方面的工作执行力度，特别是浙江、上海、北京在农村生活垃圾分类工作中持续发力，起到引领示范作用。浙江省以"减量化、资源化、无害化"为导向，全面推行农村生活垃圾分类投放、分类收集、分类运输、分类处理和定时上门、定人收集、定车清运、定位处置"四分四定"体系，制定农村生活垃圾分类处理工作实施方案和重点工作清单，制定出台《农村生活垃圾分类处理规范》省级地方标准，明确垃圾分类类别、标志、品种、投放、处置等内容；上海市出台《上海市生活垃圾管理条例》，为全市生活垃圾管理提供了法规依据，全市农村地区生活垃圾分类实现全覆盖，农村生活垃圾100%有效收集、100%无害化处理，农村生活垃圾收运处置体系建设完成；北京市采取"村收集、镇运输、区处理"等方式，全市97%的行政村生活垃圾得到处理，并涌现出门头沟区王平镇、昌平区兴寿镇、怀柔区桥梓镇等一批生活垃圾分类示范典型。

**（3）持续推进农村生活垃圾和资源回收利用体系**

中华全国供销合作总社印发的《中华全国供销合作总社关于参与农村人居环境整治的行动方案》指导全系统发挥供销合作社再生资源回收利用网络的传统优势，大力推进与环卫清运网络"两网融合"，努力构建符合当地实际、方式多样的农村生活垃圾回收利用体系；组织召开供销合作社服务乡村振兴暨综合改革专项试点总结交流会，组织开展供销合作社再生资源回收利用网络建设情况专项调研，截至2019年年底，共建设城乡再生资源回收站点3.7万个、其中乡村站点3.3万个，建设分拣中心1 145个、其中县域分拣中心1 104个。

**2. 农村生活污水治理**

农村生活污水治理作为农村人居环境整治的重要基础性工作，直接决定着农村改厕与村容村貌提升等方面的进度和成效。截至2020年年底，农村生活污水乱排乱放现象基本得到有效管控，基本建立治理规划标准体系。31个省（区、市）制定了农村生活污水处理设施污染物排放标准，除西藏、新疆将农村生活污水治理与城市污水统筹规划外，29个省份已完成县域规划编制，120个县（市、区）开展了农村生活污水治理示范，农村黑臭水体排查识别基本完成，河北、江西、湖南等10个省（区）的34个县（市、区）开展了农村生活污水（黑臭水体）综合治理试点示范。

**（1）统筹推进农村生活污水处理设施建设**

中央农办、农业农村部、生态环境部于2019年1月24日在安徽巢湖召开全国农村生活污水治理工作推进现场会，研究部署工作，胡春华副总理出席并讲话。中央农办、农业农村部、生态环境部等9部门印发《关于推进农村生活污水治理的指导意见》，明确提出以县域为单位编制农村生活污水治理规划或方案，完善建设和管护机制，鼓励专业化、市场化建设和运行管理。中央财政通过农村环境整治资金安排42亿元，重点支持农村污水综合治理试点等。生态环境部将农业农村污染治理突出问题纳入中央生态环境保护督察，印发《关于推进农村黑臭水体治理工作的指导意见》《县域农村生活污水治理专项规划编制指南（试行）》等；组织开展农村黑臭水体排查、方案编制、试点示范，制修订农村生活污水处理排放标准，制定县域农村生活污水治理专项规划。

**（2）健全农村生活污水治理标准规范**

农业农村部、生态环境部在开展深入调研、广泛征求各方意见基础上，2019年4月编制印发《农村生活污水处理设施水污染物排放控制规范编制工作指南（试行）》，对农村生活污水处理排放标注控制指标确定、污染物排放限值、尾水利用要求、采样监测要求等作了进一步明确细化，指导各地加快推进农村生活污水处理排放标准制修订工作。生态环境部建立"十四五"农村生活污水治理和农村黑臭水体底数清单，编印《农村生活污水治理技术手册》，通过培训班、专家指导等形式进行技术帮扶。2019年4月9日，住房和城乡建设部发布《农村生活污水处理工程技术标准》，涉及农村生活污水收集、处理、施工验收、运行维护及管理等内容。各地政府根据2018年住房和城乡建设部、生态环境部联合印发的《关于加快制定地方农村生活污水处理排放标准的通知》要求，结合区域内农村自然条件、经济发展水平、村庄人口聚集程度、污水产生规模、排放去向和环境质量改善需求，按照"分区分类、宽严相济、回用优先、注重实效、便于监管"原则，科学合理确定农村生活污水控制指标和排放限值，截至2019年年底，全国已有25个省份颁布地方农村生活污水排放标准。

**（3）指导各地细化实化河长制湖长制任务**

水利部制定《河湖管理监督检查办法》《进一步强化河长湖长履职的指导意见》，组织召开全面推行河长制工作部际联席会议第三次全体会议和全国河湖管理工作会议；印发《关于做好乡村振兴战略规划水利工作的指导意见》；联合财政部启动农村水系综合整治试点，推进农村河塘、沟渠清淤疏浚。科技部在国家重点研发计划"绿色宜居村镇技术创新"重点项目中安排污水处理与循环利用等农村人居环境整治相关研究。

**（4）着力消除农村饮用水水源地环境安全隐患**

生态环境部印发《关于进一步开展饮用水水源地环境保护工作的通知》，组织各地对农村"千吨万人"饮用水水源地进行摸底排查；印发《关于推进乡镇及以下集中式饮用水水源地生态环境保护工作的指导意见》，指导各地加强农村饮用水水源地保护，严格管住新增问题，妥善处置存量问题。截至2019年年底，全国供水规模在"千吨万人"以上的农村水源10 630个，已完成保护区划定7 281个，占比68.5%。

**3. 农村厕所革命**

小厕所，大民生。农村厕所革命是改善农村人居环境的重要环节，关系到亿万农民群众生活品质的改善。习近平总书记强调，厕所问题不是小事情，是城乡文明建设的重要方面，要把这项工作作为乡村振兴战略的一项具体工作来推进，努力补齐这块影响群众生活品质的短板。近年来，各地区认真落实中央决策部署，因地制宜、真抓实干，有力有序扎实推进农村厕所革命，2020年年底我国农村卫生厕所普及率超过68%，一批区域适宜性强的农村改厕模式不断涌现，厕所建设与运行的管护机制逐步完善。

**（1）统筹部署厕所革命实施工作**

中央农办、农业农村部认真贯彻落实习近平总书记关于农村厕所革命的重要指示批示精神，指导各地因地制宜、有序推进农村厕所革命。组织各省（区、市）对照《农村人居环境整治三年行动方案》，将所辖县划分为三类，提高工作指导精准性；在福建宁德召开全国农村人居环境整治暨厕所革命现场会进行专题部署，胡春华副总理出席并讲话；农业农村部会同国家卫生健康委等部门制定关于切实提高农村改厕工作质量的通知，印发坚决克服当前农村改厕突出问题有关通知，要求各地严把农村改厕质量领导挂帅、分类指导、群众发动、工作组织、技术模式、产品质量、施工质量、竣工验收、维修服务、粪污收集利用等"十关"，强调统筹考虑农村生活污水治理和厕所革命，具备条件的地区一体化推进、同步设计、同步建设、同步运营。

**（2）强化农村改厕技术指导和相关标准修订**

农业农村部整合部内科研力量组建科研团队，发布农村户厕建设等3项国家标准，编写工作指引、技术手册和典型范例，开展产品展示交流、创新大赛等，仅2020年就组织专家150多人次赴28个省（区、市）和新疆生产建设兵团的122个县（市、区）实地开展农村改厕技术服务，培训6 000多人次，组织专家600多人次在线解答问题4 000多个。国家卫生健康委举办农村改厕技术及评价系统培训班，并联合农业农村部制定《农村户厕建设技术要求（试行）》，科学指导各地农村户厕新建、改建和使用管理。农业农村部在全国11个省份选择17个村开展农村改厕技术集成示范试点，探索干旱、高寒等特殊条件地区农村改厕技术模式，推动适宜技术产品应用；举办农村人居环境整治高峰论坛暨农村厕所革命技术论坛和第一届全国农村改厕技术产品创新大赛，启动编制农村户厕建设有关标准规范。2020年，农业农村部成立农村厕所建设与管护标准化技术委员会，针对当前农村改厕工作存在的突出问题和薄弱环节，编制有关技术标准，进一步完善我国农村厕所建设与管护标准体系。

**（3）组织实施农村厕所革命整村推进奖补政策**

财政部、农业农村部于2019年4月联合印发《关于开展农村"厕所革命"整村推进财政奖补工作的通知》，支持和引导各地采取先建后补、以奖代补等方式，在具备条件的农村普及卫生厕所，2019年中央财政安排奖补资金达70亿元；中央农办、农业农村部印发《关于做好农村"厕所革命"整村推进财政奖补政策组织实施工作的通知》，指导各地在充分听取农民意愿以及信息公开的基础上科学编制实施方案，以及建立完善长效管护机制。农业农村部、财政部联合召开推进农村厕所革命视频会议，指导各地实施好农村厕所革命整村推进奖补政策。农业农村部组织开展农村厕所革命整村推进奖补政策落实及农村改厕推进情况专题调研和总结，及时了解工作进展，指导各地科学使用奖补资金，有序推动农村改厕工作。

**（4）分批次、有重点开展厕所革命**

农业农村部在全国11个省份选择17个村开展农村改厕技术集成示范试点，探索干旱、高寒等特殊条件地区农村改厕技术模式，为全国各县市农村厕所改造提供适宜的技术方案和产品选择。中央农办、农业农村部组织各省（区、市）对照《农村人居环境整治三年行动方案》，将所辖县划分为三类，因地制宜推广三格式化粪池厕所、双瓮漏斗式厕所、三联通沼气池式厕所、粪尿分集式卫生厕所、双坑交替式厕所、具有完整上下水道水冲式厕所等6种改厕模式，推动适宜技术产品应用，提高工作指导精准性。

**4. 村容村貌整治提升**

村容村貌治理涉及"四化"（道路硬化、庭院净化、环境绿化、村庄美化）、"四乱治理"（治理柴火乱垛、垃圾乱倒、污水乱流、粪土乱堆）、"五改"（改水、改路、改房、改厕、改灶）、"五通"（通路、通水、通电、通电话、通电视）等内容，是我国当前农村环境综合整治中范围广、系统性强、难度大的一项工作。为加快推进村容村貌提升治理工作，国家及地方采取了一系列行动措施，成效显著，截至2020年年底，全国95%以上的村庄开展了清洁行动，村容村貌明显改善，"四好农村路"建设积极推进，全国具备条件的乡镇、建制村100%通硬化路、100%通客车，30个省（区、市）在省级层面推行"路长制"的政策措施。农村贫困人口饮水安全问题全面解决，供水保障水平进一步提升，农村集中供水率达88%，农村自来水普及率达83%。农村电网供电可靠率达99.8%。行政村通光纤和4G网络比例超过98%。

**（1）开展村庄清洁行动**

中央农办、农业农村部等18部门组织开展以清理农村生活垃圾、清理村内塘沟、清理畜禽粪污等农业生产废弃物，改变影响农村人居环境的不良习惯为重点的"三清一改"村庄清洁行动，相继开展村庄清洁行动春节、春季、夏季和秋冬战役；在中国农民丰收节期间举办"千村万寨展新颜"活动，遴选550个清洁行动成效明显的村庄通过媒体展示，有90%以上的村庄参与，先后动员近3亿人次参加，一大批村庄村容村貌得到明显改善。国家卫生健康委将城乡环境卫生作为卫生城镇创建重要内容，重新确认93个国家卫生城市和236个国家卫生乡镇（县城）；完成2019年度50个国家卫生城市、971个国家卫生乡镇（县城）复审，并对《国家卫生城镇标准》《国家卫生城镇评审和管理办法》进行了修订。

**（2）开展村通硬化路建设任务**

2019年，交通运输部累计安排农村公路投资4586亿元，完成新改建农村公路29万千米，全国实现了具备条件的乡镇、建制村100%通硬化路；进一步优化通村硬化路路线走向，以串联带通更多自然村，支持5740个撤并建制村等较大人口规模自然村、"直过民族"自然村、抵边自然村通硬化路2.1万千米；出台《交通运输部关于贯彻落实习近平总书记重要指示精神做好交通建设项目更多向进村入户倾斜的指导意见》，推动交通建设项目更多向进村入户倾斜。

**（3）开展乡村绿化美化行动**

国家林业和草原局印发实施《乡村绿化美化行动方案》《乡村绿化美化行动方案》《村庄绿化状况调查技术方案》等系列方案，明确总体要求、目标任务和推进措施，启动开展国家森林乡村创建工作，评价认定并公布了国家森林乡村7586个；通过举办全国乡村绿化美化高级研修班与组织编写《乡村绿化美化模式选编》等措施，从保护、提质、增绿等方面，针对不同类型乡村的特点开展村庄绿化美化行动，宣传乡村绿化美化典型经验。

**（4）因地制宜提升农村建筑风貌**

住房和城乡建设部印发《住房和城乡建设部办公厅关于开展农村住房建设试点工作的通知》，在27个省（区、市）154个县（市、区）开展试点，推广建设功能现代、成本经济、结构安全、绿色环保的宜居型示范农房，突出乡土特色和地域民族风情；在浙江、江西、山东、河南、湖南、四川、青海等7个省开展试点，组织研究符合实际的钢结构装配式农房建设标准体系；推进设计下乡工作，开发设计下乡网上平台，举办村庄设计培训班，编印设计下乡工作经验与试点示范案例集；加强传统建筑保护，推进第三批中国传统建筑解析与传承编纂工作，开展23个地区传统建筑工匠技艺调查研究，组织拍摄《中国传统建筑的智慧》纪录片。另外，共青团中央、全国妇联组织妇女、大学生、少年儿童等参与村庄清洁等农村人居环境整治工作。

## （三）我国农村人居环境整治的路径选择与问题诊断

### 1. 我国农村人居环境整治的路径选择

2018年，中共中央、国务院印发的《乡村振兴战略规划（2018—2022年）》指出要"以建设美丽宜居村庄为导向，以农村垃圾、污水治理和村容村貌提升为主攻方向，开展农村人居环境整治行动，全面提升农村人居环境质量"。同年，中共中央办公厅、国务院办公厅印发的《农村人居环境整治三年行动方案》，提出"到2020年实现农村人居环境明显改善，村庄环境基本干净整洁有序"，经过三年努力，农村人居环境整治由点到面全面推开、总体进展良好，取得阶段性显著成效，村庄面貌发生明显变化，得到农民群众普遍认可，一些地区获得了较好的经验、形成了一批适宜区域特征的农村人居环境整治技术模式。

在农村生活污水处理技术模式选择上，各地区基本可以根据区域农村生活污水污染源特征、成污条件、排污特征，因地制宜选择分散式或集中式污水处理模式。如黄土沟壑区的农村生活污水具有分散、污染源相对简单一致、雨污合流、排污口污水量大小不一等特征，使得单独使用人工湿地处理系统或地下土壤渗滤净化系统进行黄土地区农村生活污水处理时难以与净化技术系统相匹配，也因其造价高、黄土的强渗透性和易湿陷性，不适于在黄土沟壑地区推广使用。因此，小型 A/O 工艺处理技术更为适宜，即厌氧、好氧生化处理系统，由于其技术成熟，技术方案的确定、设备的选择、运行维护以及污水处理效果均能满足对不同农村生活污水处理量的要求，且不受地形、场地、排污量大小的影响而灵活运用，黄土沟壑地区多选用此种污水处理技术。

在农村厕所改造技术模式选择上，各地区基本考虑到区域内严寒或干旱等极端气候条件，以及当地居民的生活习惯，因地制宜选择三格式、双瓮式、卫生旱厕等厕所建造模式，厕所入院或入室，改厕后无臭味、无蚊蝇，极大限度降低疾病的传播。如东北地区冬季严寒、温度极低，三格式化粪池厕所水管在寒冷季节易结冰，并且大部分建在屋内，农户基本上使用率不高。鉴于此，东北地区 2019 年开始尝试推广卫生旱厕，充分发挥卫生旱厕抗御寒冷、方便农民使用，无渗漏、无蝇蛆、异味少、易施工等特点，在一定程度上有效降低粪便中生物性致病因子数量，切断粪口传播的途径，达到免水冲、无排放、无污染、无增量、无害化的目的。图1-7为改造后的无害化卫生旱厕与村庄公厕。

在农村生活垃圾处置技术模式上，基本上可分为卫生填埋、焚烧、堆肥和综合利用4种。卫生填埋技术成本低，简单易行，可应用于有垃圾填埋规划用地的地区；焚烧处理技术占地面积小，垃圾减量效果好，可应用于经济条件好、用地紧张的地区；堆肥技

图1-7　改造后的无害化卫生旱厕与村庄公厕

术针对的是有机垃圾，符合国家垃圾无害化、资源化的处理原则，适用于有机垃圾比例高，开展垃圾分类处理的地区；综合利用技术是两种及两种以上技术的综合运用，适用于经济条件好、开展垃圾分类的地区。受经济条件的影响，当前我国的城市生活垃圾处理以卫生填埋技术和焚烧处理技术两种方式并存，我国各地区人口密度和经济条件差异巨大，短期内农村生活垃圾不能统一采用卫生填埋和焚烧处理技术。图1-8为易腐垃圾堆肥房与处置设施。

图1-8　易腐垃圾堆肥房与处置设施

### 2.我国农村人居环境整治的问题诊断

### （1）农业生产废弃物与生活垃圾尚未有效分离

长期以来自给自足的小农经济使得我国农业生产活动融入农户日常生活，由此形成农业生产废弃物与生活垃圾混合处置的习惯。2018年我国农村废弃物产生总量为50.89亿吨，而生产性废弃物占比超过90%，使生活垃圾治理体系面临负担重、处理难等。一方面，部分地区仍然保留庭院养殖畜禽的习惯，造成居住区臭味大、布局不合理、畜禽粪污处理难等情况；另一方面，随着化学农业的发展，诸如农药瓶、化肥包装袋、农用地膜残膜等农业生产废弃塑料流入到生活垃圾处理系统，影响生活垃圾处理效率（图1-9、图1-10）。

图1-9　农业废弃物流入生活垃圾处置环节　　　图1-10　庭院养殖畜禽粪污处置仍存在问题

### （2）试点区生活垃圾源头分类与终端处理尚不匹配

多数地区农村生活垃圾分类工作以镇、村为单位试点推行，存在城市与农村分类不同步、示范点与非示范点分类不一致等问题，形成大多数地区在垃圾分类试点推行过程中只注重源头分类，在收集、转运和终端处理过程中仍然采用混合装运和混合处理的局面。其根源是"分类收集→分类运输→分类处理→分类利用"的全产业链尚未建立，即使在垃圾产生源头实现分类，后端的混运、混处并不能实现垃圾分类减量化和资源化利用的目标。长此以往，农户的分类积极性降低、生活垃圾治理成本上升、垃圾分类效果试点效果不显著（图1-11、图1-12）。

图1-11　垃圾分类收集

图1-12　垃圾混合运输

### （3）高寒地区农村生活污水处理面临技术瓶颈

高寒地区包括黑龙江、吉林、辽宁和内蒙古东部地区，一方面，其地域广阔，村落规模较小、分布分散，季节性气候变化大，冬季严寒而漫长，农村人口稀少，农村生活污水治理面临着极低气温的气候条件限制。另一方面，东北地区经济相对落后，农村居民的日常生活较为简单，寒冷地区几乎没有淋浴和卫生间的排水，日常污水来自冲厕、洗衣、餐厨等，其污水量小、水质复杂，氮磷元素含量较高，如何破解技术瓶颈成为高寒地区农村生活污水治理面临的重要难题。

### （4）农村生活污水治理资金缺口大

当前农村生活污水通常以整村推进的形式开展治理行动，政府以村为单位建设污水处理设备、铺设管网并交由第三方企业运行和维护，所有资金均由政府财政承担。由于污水处理设施建设成本高，各级政府专项资金不能承担所有村庄污水处理设备的建设和运维费用，只能在部分村庄开展生活污水治理试点。调查了解，当前仍有70%以上的村庄没有将污水处理纳入村庄环境治理规划内，从长期看，农村生活污水治理仍然存在较大资金缺口。

### （5）部分地区农村厕所改造农户使用率不高

调查了解，部分地区改厕后农户使用率不高，主要有以下几个原因：一是农户有将粪污作有机肥还田利用的习惯，而传统旱厕粪污收集方式正好能实现这一目的；二是部分农户不愿在室内如厕的习惯根深蒂固，造成部分地区推广室内厕所改造的难度较大；三是部分区域一刀切采用坐便式水冲厕所，农户使用不习惯，存在设施质量较低、设施故障等问题，导致农户满意度低。即使政府包揽新厕建设，但在实际过程中仍然存在"建新、不拆旧"、"用旧、不用新"的情况，农户的使用率不高，设备老化快，严重影响厕所改造效果（图1-13、图1-14）。

图1-13　传统旱厕仍在使用　　　　　　　　图1-14　新厕与旧厕并存

### （6）农村人口外流与村容村貌整村推进的困境

我国农村大多地区面临着农村人口大量外流、空心村严重的现象（图1-15、图1-16），尤其是经济欠发达、交通不便的丘陵山区问题更加突出，造成村容村貌整村推进乏力。一方面，留守在村的多为"九九、三八、六一"，即老人、妇女和儿童，这部分人的文化程度较低且主体认知、劳动能力等相对较弱，导致农村环境治理因缺乏劳动

图1-15　人口外流现象　　　　　　　　图1-16　空心村现象渐趋严重

力而治理效果较差；另一方面，农村劳动力的大量外流导致村容村貌整村推进难以综合统筹，治理成果无法共享，以至于有村干部提出"整村推进不知为谁而建，亦不知为何而建"。同时，农村人口的分化，农户在社会经济地位、家庭收入方面产生差异，农户对村容村貌整体推进的意愿出现差异。如何破解农村人口外流与村容村貌整村推进的困境成为农村人居统筹提升的重要任务。

## （四）我国农村人居环境整治的典型模式

### 1. 农村生活垃圾分类及资源化利用

#### （1）浙江浦江模式：垃圾分类全域统筹治理

浙江省金华市浦江县位于浙中山区，全县总面积920平方千米，辖7个镇、5个乡和3个街道。2014年，浦江县率先在农村开展垃圾分类试点，到2015年年底实现农村垃圾分类全覆盖，2016年开始在城区试行垃圾分类，至2017年，实现城乡生活垃圾分类全覆盖。浦江县以打造省级静脉产业示范城市为总目标，按照垃圾减量化、资源化和无害化的要求，创新工作方式，构建了"全社会动员、全链条处置、全区域覆盖、全方位监督"的"四全"工作法，让废弃物到该去的地方，最终实现生态系统良性循环。

①全社会动员——充分发挥各类社会组织的带动作用

为做好生活垃圾分类宣传和培训工作，浦江县充分发挥各类社会组织的带动作用。一是创建"党建＋"模式，根据"就亲、就近、就便"原则，每名党员包干联系户，并在垃圾桶上标明对应党员和联系户；二是充分发挥机关党员干部争做垃圾分类"四大员"（宣传员、示范员、指导员、监督员）；三是充分调动巾帼作用，激励妇女争当垃圾分类"先行者、宣传员、劝导员"；四是将垃圾分类送进课堂，通过提升学生垃圾分类意识带动其他家庭成员分类（图1-17、图1-18）。

图1-17　户分类垃圾桶　　　　　　图1-18　党员联系群众

②全链条处置——"四分两拣"，分类处置

浦江在垃圾分类实施中，探索实践出一套简单易学的"四分两拣"流程。"四分"指将生活垃圾分为"会烂""不会烂""可卖""不可卖"四种，"两拣"指农户一次分类，分拣员二次分拣，垃圾分类设施以终端处理建设为先，确保分类后的垃圾都有去处，浦江县针对不同垃圾构建了不同处置链条（图1-19至图1-21）。

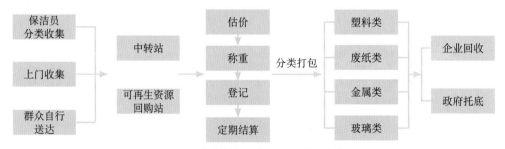

图1-19　可回收垃圾处置循环利用产业链

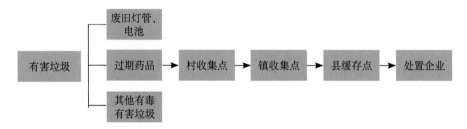

图1-20　有害垃圾无害化处理产业链

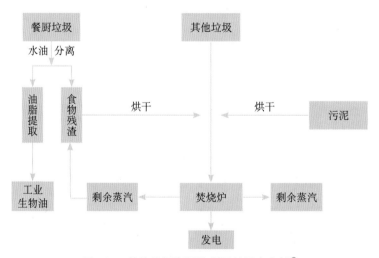

图1-21　其他垃圾资源化利用处置产业链①

———————————

① 注：图1-19、图1-20、图1-21来源于浙江省浦江县垃圾分类工作图册。

③全区域覆盖——完善全域生活垃圾分类管理体系

2018年，浦江县实现生活垃圾全域分类，以《浙江省城镇生活垃圾分类管理办法》和《金华市农村生活垃圾分类管理条例》为依据，依法分类，并且根据不同区域、单位组织的习惯，设计具体的生活垃圾管理体系。

④全方位监督——依法分类，健全多手段共同监督体系

浦江县构建严密的生活垃圾分类监督体系，以明确各方职责，激励各方积极参与生活垃圾分类，其手段主要包括：

将生活垃圾分类写进村规民约，以村为单位定期对每户垃圾分类考评上榜。"双十"评选制度，每月开展一次"垃圾分类示范村""十差村"评选，并对乡镇进行排名，对排名落后的村进行约谈并监督整改，再次不合格则取消该镇、村当年的奖补资金。

依法分类：个人不分类、责令整改，拒不改正的处200元以下罚款；单位不分类，责令整改，拒不改正的处500元以上5 000元以下罚款；生活垃圾收集、运输单位混合收集、运输，责令整改，并处5 000元以上3万元以下罚款，情节严重的，处3万元以上10万元以下罚款。

大数据监督平台：对各垃圾处理终端、环卫车辆、环卫人员以及回收、处置企业日常运行数据进行收集，实现各类垃圾处理量的数据分析，从而建立科学有效的评估体系，进而为及时调整生活垃圾分类措施奠定基础。

**(2) 甘肃清水模式：垃圾分类减量就地就近处置**

清水县位于甘肃省东北部六盘山片区，地形地貌复杂，以高原山地为主，村庄分布分散。全县总面积2 012平方千米，总人口33.54万人，其中农业人口28.76万人，属典型农业大县。2017年被确定为全国第一批农村生活垃圾分类和资源化利用示范县以来，清水县加快健全生活垃圾管理体系、标本兼治，全域推进"垃圾革命"。按照"农户源头分类、村级连片转运、乡镇就近处理、县级回收利用、第三方专业运营"的思路，探索形成了"户分类、村收集、乡处理"的全域无垃圾治理体系（图1-22）。

"三筐一桶"源头分类。清水县利用专项资金，为农户配备可回收垃圾筐、不可回收垃圾筐、有害垃圾筐和可腐烂垃圾桶"三筐一桶"户分类设施，督促农户按照"不可回收、可回收、有害垃圾和可腐烂垃圾"进行户内分类收集。全县共配备"三筐一桶"户分类设施4.6万套，经三年以来的垃圾分类实践，全县实现垃圾源头减量50%。

"两点三场"村收集。清水县以自然村为单位，建设可腐烂垃圾沤肥点、不可回收垃圾投放点和柴草堆放场、建筑材料存放场、建筑垃圾填埋场"两点三场"，对不可回收垃圾和有害垃圾，由农户或保洁员投放到村级存放点后，由第三方企业运往垃圾焚烧站进行无害化处理；对可回收垃圾，采取收购人员回收的方式进行再利用；对可腐烂垃

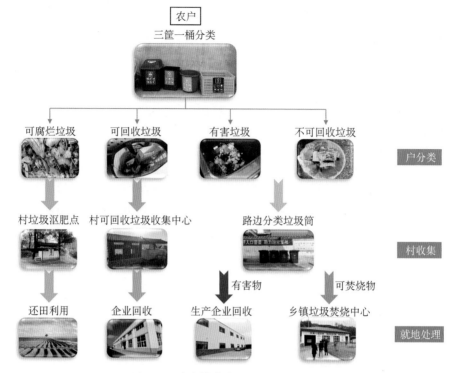

图1-22　清水模式生活垃圾处置流程图

坂，由农户自行清运至沤肥点，熟化后还田；对建筑垃圾，由农户运送至建筑垃圾场直接填埋处理，实现所有垃圾分类收集、清运处理和综合利用。

"一乡一站"乡处理。清水县委托北京基亚特环保科技有限公司，在17个乡镇建设生活垃圾无害化焚烧站，分日处理量5吨和2吨两种规格，对村级不可回收垃圾进行收集、转运和无害化焚烧处理。焚烧站采用生活垃圾热解气化工艺，该技术是专门应用于中小县区、乡镇及农村生活垃圾无害化处理的成套化技术与设备，具有投资低、运行成本低、便于管理、占地小等显著特点。县财政共投资7 200万元建设基础设施，每年列支690万元，作设备运维费用，其中收集转运费412万元、焚烧站运行费278万元。全县基本实现农村生活垃圾不出乡[①]。

2.农村生活污水治理

**(1)山东肥城模式：单户生活污水一体化处理**

山东省肥城市位于山东省中部、泰山东麓，地势由东北向西南倾斜，地貌类型多样。全市总面积1 277平方千米，辖10个镇、4个街道，605个行政村，农村人口48.03万，占总人口的48.1%，属典型农业县。为探索山区农村生活污水分散式处置方式，肥城市在东部山区潮泉镇黑山村推广单户农村生活污水一体化处理模式。

---

① 注：相关资料来源于清水县农业农村局。

每户安装一个小型的一体化污水处理设备，可供3～5口人日常使用，日处理量可达0.3立方米，可处理厨房用水、洗澡水、厕所污水等，处理后的尾水达到国家一级B排放标准，用于房前屋后的小花园、小菜园、小果园等。该处理设备是由沉淀、一体化处理器、清水桶构成，首先污水进入沉淀桶初步沉淀稀释，然后进入一体化处理器净化处理，处理后的水进入清水桶。一体化处理器分为缺氧池、厌氧池、好氧池、清水池四部分，通过处理器内的生物菌作用，将有机物分解为水和二氧化碳，氨氮分解为氮气，从而达到污水处理的效果（图1-23）。单户农村生活污水一体化处理模式具有以下几个特点：占地面积小，施工简单，能够集中收集处理全部黑水和灰水；采用微生物处理技术工艺，尾水可用于绿化灌溉，或达标排放，实现资源化利用；设备使用寿命长、能耗少、运行费用低。据测算，户均建设费用约6 000元，每年户均运行电费约100元。

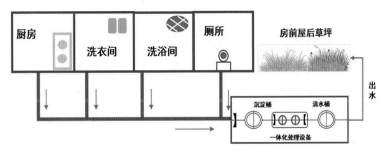

图1-23　一体化处理示意图[①]

**（2）安徽巢湖模式：黑水灰水统筹治理**

巢湖市位于安徽省中部，境内地形地貌系江淮丘陵向长江平原的过渡地带，地形较为复杂，分低山、丘陵、岗地、平原，其中巢湖水域面积463.78平方千米。为确保"不让一滴污水进入巢湖"，巢湖市率先对滨湖村庄采取生活污水管网集中收集、设施统一处理模式，实现黑水灰水统筹治理。

基于村、院落区位条件，村民户数和生活污水排放量，实施冲厕黑水与厨房、洗澡灰水统筹处理。厕污经过三格式化粪池无害化处理、餐厨废水经过隔油池过滤后与其他污水并管，汇入农户自建沉淀池，流入村级污水管网，集中处理，达标排放。沉淀池按照0.25立方米/人设计标准建设，沉淀池建设按照1 000元/户的标准，进行先建后补。在污水治理设施运维管护方面，公司配备经验丰富的专业技术人员负责设备日常运营维护，建立完善的管理体系，每天通过远程监控程序观测设备运行状况，及时了解设备状态，并将设备情况及时反馈，保证设备正常运转，出水正常。运维专员定期对设备进行巡查检修，及时发现问题并解决问题，力求设备保持在最佳运行状态。

①　注：图片来源于山东省肥城市潮泉镇黑山村污水处理工程公示牌。

生活污水处置采取 $A^2/O$ + MBBR（好氧移动床生物膜反应器）处理工艺（图1-24），污水经收集管网排入污水格栅渠，格栅渠内安装格栅，除去大颗粒的杂物。经格栅渠处理后的污水自流进入调节池，调节池可调节污水水质水量，污水在调节池内充分调节稳定水质后，经提升泵提升至一体化污水处理设备内，依次经过预脱硝区、厌氧区、缺氧区、好氧区、沉淀区。污水中污染因子被微生物充分降解分解，再经泥水分离，污泥存入污泥池中，尾水经过紫外消毒设备后达标排放。

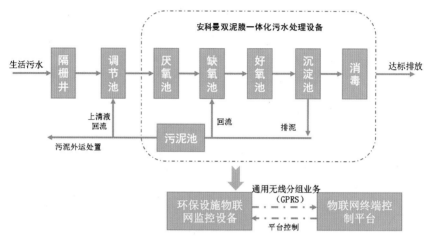

图1-24  $A^2/O$ + MBBR（好氧移动床生物膜反应器）处理工艺①

### 3. 农村厕所革命

#### （1）甘肃民勤模式：统筹推进、因地制宜、分户改造

甘肃省民勤县地处河西走廊东北部、石羊河流域下游，气候干旱，境内低山丘陵、平原、沙漠、戈壁等交错分布，属气候变化敏感区和生态环境脆弱区。全县辖18个乡镇，248个行政村。自开展农村人居环境整治行动以来，民勤县将推进厕所革命作为改善农村人居环境的重要载体和提高人民生活品质的民生工程，精心安排、统筹谋划、强化服务，一体推进，改厕工作取得明显成效。截至2020年10月20日，全县新改建镇区公厕24座，村委会公厕248座、完成新改建农户无害化卫生厕所35 237座。其中，2018年10 205座，2019年21 567座，2020年3 465座，占常住户数40 114户的88%。

在农户卫生厕所新改建中，结合民勤县农村基础设施配套条件，按照经济、适用、安全的原则确定改厕模式，坚持因地制宜，按照"宜水则水、宜旱则旱"的原则，在对城镇污水管网覆盖到的村庄、农村新型社区，推广使用节水型水冲式卫生厕所，粪污直接排入县城污水管网；对未纳入城镇污水管网覆盖范围的村庄，推广使用三格化粪池厕

---

① 注：图片来源于安徽省巢湖市柘皋镇汪桥村污水处理项目公示牌。

所，且化粪池容积需达到1.8立方米以上，以减少粪污抽运次数，降低运维成本。在偏远干旱缺水镇村、居住分散的农户，推广使用阁楼式新型卫生旱厕。

在厕所奖补政策落实上，民勤县成立工作组常驻各地全程指导农户厕所改造，并严格对照《农户改厕技术标准》进行逐厕检查验收，按照"户申请、镇自验、县验收"的程序进行验收，对验收合格的农户由县财政通过"一卡通"将2 000元的补助资金发放到农户手中，对不符合技术标准和改厕要求的立即督促整改，直至问题全部整改通过验收并正常使用（图1-25）。

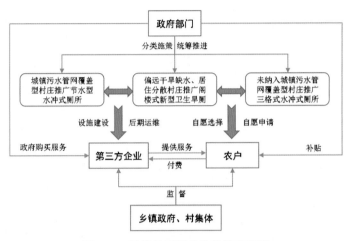

图1-25 民勤县厕所改造推进示意图

在厕所粪污后期管护上，按照"分户改造、集中处理"与单户分散处理相结合的方式收集处理粪污及洗漱等生活污水。对城镇污水管网覆盖的三雷、苏武等城郊乡镇，实行集中收集，统一处理；在薛百镇上新村、苏武镇东湖村建设小型污水处理站，将本村居民粪便污水与洗漱等其他生活污水纳入管网集中收集，统一处理。对未铺设污水收集管网的乡镇配备15辆吸污车，按照市场化、社会化运作模式，推行水冲式厕所粪污企业上门清掏，每次收取30元吸污费。同时实施粪污、生活污水分流，对洗漱一体户城管局为其单独提供250千克盛水桶盛放洗漱等生活污水，后由各镇负责转运至污水处理站进行处理[①]。

**（2）吉林双辽模式：推广无害化卫生旱厕**

双辽市地处松辽平原与科尔沁草原接壤带，地形平坦，冬季漫长而严寒，全县辖6个街道、8个镇、3个乡、1个民族乡，2018年，全市重点推进水源地保护区的农村厕所改造，共有12 530户完成改厕任务；2019年，完成农村户用厕所改造任务为23 910户；

---

① 注：相关资料来源于民勤县农业农村局。

2020年同步推进6 300户户厕改造任务。

坚持政府引导、农民自愿的原则，农村改厕大范围推广无害化卫生旱厕技术，并同步实施农村厕所粪污处理与资源化利用。根据实际情况，最终确定选择堆肥式非水冲、微生物降解式、智能无害化旱厕等三种改厕模式。无害化卫生旱厕具有适应极寒天气、方便农民使用、无渗漏、无蝇蛆、异味少、易施工等特点，有效改善农民如厕环境，消除蚊蝇滋生环境，切断病原传播途径，消杀病原微生物及虫卵等，达到农村厕所粪污无害化处理目的。

设施运营维护由环卫部门负责。无害化卫生旱厕的建设成本约为4 000元，主要由政府承担。设施运行和维护由县（市）环卫处负责，每1～2月入户抽粪一次，每次成本约50元/户，主要由政府环卫管理相关经费承担。抽取的粪污送至有机肥厂生产有机肥，或农户就地就近资源化利用。

### 4.村容村貌整治提升

**（1）贵州丹寨模式：充分挖掘民族文化特色**

丹寨县位于贵州省东南部，地形地貌多样，以低山丘陵为主。全县辖3镇4乡，有苗族、水族、布依族等21个少数民族，形成了以苗族为主的多民族共同聚居县。近年来，丹寨县以"企业包县，整体脱贫"的精准扶贫项目为契机，以打造乡村旅游示范村为突破口，大力开展农村人居环境整治工作，打造出"政企合作"推进民族文化旅游示范的样板。

一是规划先行。丹寨县以万达企业投资打造的"云上丹寨，康养福地"为旅游主题的万达小镇为中心，带动周边人居环境建设。小镇分三期建设，资金来源于企业投资和政府基础设施配套投资，形成以苗族和侗族少数民族建筑为特色，集非物质文化遗产的保护、传承、体验为一体的产、城、景、文、旅、商深度结合的文化旅游项目。以万达小镇为中心，丹寨县逐渐开展以保护民族文化特色为主题的人居环境建设行动。

二是挖掘传统景点，打造特色民族文化。丹寨县除气候宜居外，还汇集了7个国家级非物质文化遗产以及16项省级非物质文化遗产，是全国少见的非遗文化富集地。以此为基础，打造了苗族蜡染、古法造纸、苗族锦鸡舞、苗族贾理、苗族苗年、苗族服饰、苗族芒筒芦笙祭祀乐舞等文化体验项目。各村镇不断挖掘特色文化，龙泉镇卡拉村素有"中国鸟笼之乡"美称，打造了以斗鸟习俗为载体，集"养、驯、饲、栖、赏、斗"的鸟文化产业链；扬武镇是全国唯一完整保留祭祀蚩尤的"祭尤节"的地方，以此为载体打造特色文化旅游，进而带动特色村容村貌维护。

三是以乡村旅游示范村建设为突破口，充分发挥带动作用。在大力推进乡村旅游的同时，丹寨县也注重提升村民参与人居环境整治行动的积极性。一方面，积极开展田间地头"顺手捡"活动，对农药瓶、化肥袋等垃圾污染物进行清理；另一方面，对墙壁、电线杆、门面等乱张贴的大小广告、无序标语、非法小广告进行清理洗刷，不断将农村人居环境整治工作引向纵深，村庄公共场所和农户庭院卫生有极大改善[①]。

### (2) 浙江仙居模式：村域"三绿"治理模式

仙居县是浙江省首个县域绿色化发展改革试点县，始终坚持把"两山"理论作为发展的内生动力，通过建立《绿色公约》、绿色货币、绿色调解等"三绿"机制，充分调动党员干部、网格团队、当地群众、外来游客主动参与乡村发展绿色经济、建设绿色家园、增进绿色福祉、深化绿色改革的全过程，不断完善美丽乡村的治理模式。在该模式的成功运作下，把乡村建设与产业发展结合起来，把绿色发展与社会治理结合起来，让留住青山绿水、记住乡愁的观念深入民心，让人与自然和谐共生、人与社会和谐共处，"三绿"模式在仙居县全域推广，成为全国创新社会治理十佳模式[②]。

《绿色公约》：通过保护生态环境以及村庄建设、生活方式、精神文明和产业发展的绿色化，积极创建"绿色村庄"，并形成《绿色公约》十条。通过推行《绿色公约》，"约"出青山绿水，"约"出火热民宿，"约"出了和谐乡风。《绿色公约》十条内容：

> 生态环境要保护，垃圾处置要分类；
>
> 各种废物要利用，田头地角要清洁；
>
> 门前屋后要整齐，厕所厨房要干净；
>
> 交通出行要有序，淳朴乡风要保持；
>
> 乡愁记忆要留住，乡村民宿要发展。

绿色货币：绿色货币是指通过绿色货币奖励外来游客和本村村民的绿色行为，以实实在在的利益为撬动。一方面，调动本村村民参与环境治理的积极性；另一方面，也激励外来游客践行绿色生活理念。"绿色货币"制度，是德治与绿色接轨的重大举措，有效拓展了乡村德治的广度和深度。村民和游客可根据以下标准领取绿色货币，并用绿色货币在本村进行消费（图1-26）。

> 领取标准：1.住宿不抽烟，不酗酒；2.光盘行动，文明就餐；3.选择公共交通、步行、骑车出行；4.住宿垃圾、户外活动垃圾分类自清；5.自备洗漱用品，不使用民宿提供的消耗品；6.参加村治安巡防、防溺水巡查等志愿服务。

---

① 注：相关资料来源于贵州省丹寨县农业农村局。
② 注：相关资料来源于浙江省仙居县农业农村局。

领取程序：领取《绿币兑换清单》，离店时商家在清单标注并签字盖章，作为游客领取"绿币"的凭证。游客凭清单到游客中心向工作人员兑换绿币，"绿币"可在商家抵价使用。

资金保障：通过成立"绿币基金"，保障绿色货币制度常态化运作，游客在商家所使用的绿币，由"绿币基金"以现金形式，统一回购。"绿币基金"和"绿币"面值分别由各村自行筹集和确定。同时，也可吸纳政府、民宿协会、爱心人士多方筹集绿色生活基金。

图1-26　绿色货币与绿色生活清单

绿色调解：将村民觉得矛盾的固有传统、习惯做法与生态保护、绿色发展相结合，使乡村矛盾调解过程转化为村民自我教育过程和矛盾双方参与绿色发展的过程。包括矛盾双方义务劳动做两工、过错罚种三棵树等绿色行为。该机制不仅将日常生活矛盾发生率降到最低，在绿色调节过程中，矛盾也因双方绿色行为合作迎刃而解。

**绿色调解五个步骤：**

第一步：积极受理找苗头。积极受理群众反映的纠纷诉求，主动发现群众间矛盾苗头。第二步：义务劳动做两工。调解前，矛盾纠纷双方在村干部带领下参加本村两个工时的义务劳动。第三步：调查取证四询问。调查过程必须询问当事人，询问知情人，询问本村"六老"等威望人士(老干部、老党员、老军人、老教师、老模范、老专家)，询问法律顾问。第四步：过错罚种三棵树。经过调查，根据情节轻重，过错方应为村集体种植三棵至三十棵树。第五步：协商和解握握手。根据当事人意愿达成调解协议，促使双方当事人握手言好。

绿色调解五种方法：

第一法：褒扬激励法。针对大多民间纠纷是由口舌之争、一时之气产生的，在充分了解矛盾双方当事人的性格特点的基础上，积极褒扬优点、发现闪光点，从而达到事半功倍的化解效果。第二法：真情打动法。充分了解纠纷当事人的社会背景，动用当事人的十亲九眷等各种社会关系，晓之以情、动之以理，最终实现定分止争的目的。第三法：排忧解难法。从当事人的家庭情况入手，从最需要帮助解决的急事难事入手，把力气下在纠纷和案件之外，想方设法、力所能及帮助解决一些实际困难，以实实在在的行动感化当事人。第四法：公正评议法。由村"两委"有关组织牵头，召集"六老"等威望人士、法律顾问等通过摆事实、讲道理对纠纷进行评议，帮助当事人消除心中疑虑、信服评判结果。第五法：乡贤领办法。在乡贤联谊会聘任一批有影响力、有专业素养的乡贤领办化解各类矛盾纠纷，力求最佳社会效果。

## 二、我国农村人居环境设施运营和管护机制

### （一）农村人居环境整治设施运营和管护利益相关者识别分析

农村人居环境整治是一项系统且复杂的工程，资金需求量大，尤其是基础设施运营与管护环节。近年来，中央及各级政府持续加大农村人居环境整治力度，投入大量人力物力进行基础设施建设。在政策倾斜及财政扶持下，开展了大量的农村人居环境整治建设工程，但由于建设目标完成率是政府在农村人居环境整治工作中考核的重点，而工程运营与管护方面的考核内容鲜有涉及，并且受边际绩效的影响，农村人居环境整治中不可避免地出现"重建设轻管理"现象。因此在现行政府主导的供给机制下，随着设施建设工程的增多，单独依靠政府进行运营管护的难度也逐渐加大。如果仅依靠政府资金支持，一方面，加大了政府的财政压力；另一方面，未能最大程度地吸引私营机构、社会组织、集体、农户等主体积极参与，影响农村人居环境整治的整体效率。因此探索建立各级政府、社会机构与组织、农户的多元主体参与机制，破解政府单一主体治理的难题，提升农村人居环境整治的效能且各主体都能够从中受益，是农村人居环境整治的重要发展方向。厘清与识别各参与主体互动的逻辑机制是建立农村人居环境整治多元参与机制的基础，基于利益相关者研究视角，对农村人居环境整治的相关者进行识别与分析，探究各利益相关者在行为目标、行为取向和利益损益上的差异，明确政府、私营部门、社会组织及农户在农村人居环境设施运营和管护方面的角色定位，厘清三者之间的"权责利"担当，并探寻化解利益相关者之间冲突与协调的有效路径，主要结论如下。

各级政府在农村人居环境整治中需要扮演"引导者"与"监督者"角色。由于农村人居环境整治的外部性属性，各级政府部门，尤其是基层政府大多作为治理的主体，发挥主导作用。目前农村人居环境整治项目资金大多来源于中央、省、市、县（区）四级政府，但由于各地区经济发展水平差异较大，部分地区政府财力不足，无法给予配套资金或配套不足。因此，应首先加大中央政府资金投入力度，引导地方政府一同逐步建立地方投入为主、中央补助为辅的政府投入体系，以项目资金为引导，整合污水治理、垃圾处置、村庄规划、农房建设、村庄绿化、道路建设等项目资金，发挥涉农资金的规模效应，确保农村人居环境整治取得实效；各地方政府，应结合本地区实际情况，逐步提高农村人居环境整治的配套资金标准，集中推行一批特定项目，理顺农村人居环境整治的资金筹集、使用、组织运转之间的内在关系，逐步实行财政"以奖代补"。其次，各级政府建立健全有效的运营和管护机制，并配备管护人员和管护资金，不仅可以避免国家资金投入的浪费，还可以缓解经济欠发达地区地方政府财政压力。与此同时，各级政

府也应加强对农村人居环境整治的监督监管，加强效果评价指标体系及方法的研究，更加科学评价农村人居环境质量，为实施有效监督提供依据，真正实现国家推动农村人居环境整治的目的。

社会机构与组织等主体在农村人居环境整治中扮演的应该是"重要参与者"角色。政府除加大财政投入之外，同时需要创新建立投融资渠道和机制，积极引入市场化运作机制并充分调动和发挥市场调配资源作用。采取政府与社会资本合作等方式引导社会资本投入，并通过政策扶持等方式培育农村人居环境整治专业建设队伍。同时，出台涉及污染治理等优惠政策，加大奖补力度，支持收益较好的重点项目开展股权和债权融资，通过大力发展股权投资基金和创业投资基金，鼓励社会资本采取私募、政府购买服务等方式发起设立主要投资于农村人居环境整治的产业投资基金，引导社会力量和企业积极参与农村人居环境整治资金筹集。

农民在农村人居环境整治中应该扮演"直接参与者"角色。作为一项系统性的社会民生工程，农村人居环境整治不能单单依靠政府，需要政府、社会机构与组织、公众共同参与。农村人居环境整治水平直接关乎农民的生活幸福感、满足感，并且农民是农村人居环境整治最主要的受益主体。因此，需要充分调动发挥农户参与农村人居环境整治主体意识，通过制定村规民约、环境保护先进评比、召开村民大会等方式，鼓励村民参与农村人居环境整治项目的运行和管理，进一步明确农民在自家庭院整治、厕所建设与维护、公共区域卫生保持、公共设施维护等方面的职责；此外农民作为农村人居环境整治的主体，也应通过宣传教育等方式鼓励农民对农村人居环境整治投工投劳，参与设施建设和管护。并基于"谁污染，谁治理""谁污染，谁付费"的原则，通过合理制定付费政策和标准，探索建立农民付费机制。

基于以上分析，农村人居环境整治需要逐步建立起"政府主导、社会参与、农民主体""多元投入、市场运作"的长效运行机制，积极利用经济手段，培育和引导市场，制定优惠政策，鼓励不同经济成分和各类投资主体以不同形式参与农村人居环境整治。同时，在具体项目执行与实施过程中，充分发挥农民的主体作用，探索委托第三方机构深度参与农村人居环境整治的路径和方式，保障农村人居环境整治的整体成效，从而使政府、社会机构和组织、农民各取其利，形成多方共赢的良好格局。

## （二）农村人居环境整治设施运营和管护成本分析

为获取我国典型区域农村人居环境整治设施运营和管护成本的第一手数据资料，课题组2020年7月至2021年5月先后在安徽省、吉林省、甘肃省、山东省、贵州省、浙江省开展实地调研与数据收集工作，共走访100余个典型村庄，现将典型区域或村庄关于农村人居环境整治设施的资金投入情况进行初步分析。

### 1. 贵州省贵阳市白云区农村生活垃圾处置成本分析

贵阳市白云区地处贵阳市中部，行政区域总面积272平方千米，全区总人口42万人，辖艳山红镇、麦架镇、沙文镇、都拉乡、牛场乡三镇两乡，生活垃圾实行"村收集、乡镇转运、区处理"的收运处模式。受高原、山地地形特征影响，辖区内镇、村分布分散，农村生活垃圾治理的收集、运输和处理体系具有典型的代表性。2020年，白云区开始在部分镇、村推行生活垃圾源头分类。根据白云区相关部门提供的资料显示：2020年白云区共投入专项资金693.24万元用于5个乡镇的农村生活垃圾治理，用于各镇、乡整体环卫一体化外包项目共497.53万元，用于购置垃圾桶、四分类果皮箱、密闭式垃圾斗以及塑料垃圾桶等基础设施共86.84万元，其余108.87万元用于环卫工人工资及日常运行维护管理，农村人居环境设施投入费用占比不到20%。按各乡镇户籍人口统计，5个乡镇总人口为103 973人，平均每人每年生活垃圾处置成本为66.67元（表2-1）。

#### 表2-1　白云区生活垃圾处置收运体系专项资金投入情况

| 乡镇 | 使用项目 | 环卫设备数量 | 规格 | 2020年资金（万元） | 总金额 |
|---|---|---|---|---|---|
| 艳山红镇 | 集镇、行政村整体环卫一体化外包项目 | — | — | 179.35 | 179.35 |
| 麦架镇 | 集镇、行政村整体环卫一体化外包项目 | — | — | 149.4 | 185.72 |
| | 密封式垃圾斗 | 30 | 8立方米 | 28.5 | |
| | 垃圾桶（绿色） | 150 | 730毫米×580毫米×1 020毫米 | 1.95 | |
| | 四分类果皮箱 | 40 | 1 270毫米×360毫米×900毫米 | 3.92 | |
| | 垃圾桶（黄色） | 150 | 510毫米×480毫米×940毫米 | 1.95 | |
| 沙文镇 | 集镇、行政村整体环卫一体化外包项目 | — | — | 122.78 | 143.95 |
| | 密闭式垃圾斗 | 20 | 3立方米 | 11 | |
| | 塑料垃圾桶 | 450 | 120～204升 | 6.32 | |
| | 四分类果皮箱 | 30 | 1 270毫米×360毫米×900毫米 | 3.15 | |
| | 分类垃圾桶 | 100 | 40升 | 0.7 | |
| 都拉乡 | 集镇、行政村整体环卫一体化外包项目 | — | — | 46 | 46 |
| 牛场乡 | 密闭式垃圾斗 | 60 | 1 910毫米×1 400毫米×990毫米 | 28.8 | 29.35 |
| | 分类果皮箱 | 10 | 1 270毫米×360毫米×900毫米 | 0.55 | |
| 全域 | 其他项目（环卫工资及日常运维支出） | | | 108.87 | |
| 2020年投入总金额（万元） | | | | | 693.24 |

注：数据来源于贵阳市白云区综合行政执法局。

## 2. 山东省淄博市万家庄村容村貌提升成本分析

万家庄村位于王村镇东，地形平坦，全村共350户、910人，村集体年经济收入约40万元，人均年收入约12 000元，在村庄分类上属于特色保护类村庄。2016年，万家庄村被住房和城乡建设部、文化部、国家文物局、财政部、国土资源部、农业部、国家旅游局等列为第四批中国传统村落，同时万家庄村还是省级历史文化名村，是山东省乡村记忆工程示范村，区级"双强双好"村。村里建有万家乡村记忆博物馆，享誉四方。近几年，万家庄村立足实际，统筹安排住房、基础设施和公共服务建设，从便捷度和舒适感上抓配套设施建设，大力实施村容村貌提升工程。目前，全村巷道均硬化为沥青和水泥道路，并配备建设百姓大舞台、文化广场、篮球场、健身器材、公园等文化娱乐场所和设施，在村容村貌提升上有典型的代表性。

自开展村容村貌提升行动以来，万家庄村投入30.6万元用于中心街村、馆前街、市场街立面环境整治；投入5.76万元用于村北小公园环境整治；投入10万元用于残垣断壁整治；投入51.3万元用于村内道路整治提升；投入7.15万元用于村内绿化；投入25万元用于村内弱电整治，规范村内电线杆；投入5万元用于美在家庭创建，所有基础设施建设、改造和运行维护共计投入134.81万元，按万家庄村户籍人口910人算，村容村貌整治人均投入成本约1 481元（表2-2）。

### 表2-2  万家庄村村容村貌整治专项资金投入情况

| 主要整治项目 | 建 设 内 容 | 资金（万元） |
|---|---|---|
| 1. 中心街村、馆前街、市场街立面环境整治 | 共约900米。造价约340元/米，其中：<br>中心街：长380米，两侧砌墙、抹灰，设置仿古墙头、仿古瓷砖；外墙乳胶漆刷白后绘制宣传画；墙体前种植海棠、石楠、冬青苗、月季等绿化苗木；桥面整治，桥东面加宽，设置古式花墙。<br>馆前街：长度约220米，仿古墙。仿古瓷砖；外墙涂料乳胶漆，古式墙头、绿化。<br>市场街：约300米。街道东、西两侧砖砌墙体，设置古式墙头、瓷砖。乳胶漆刷白，墙体前绿化。 | 30.6 |
| 2. 村北小公园环境整治 | 小公园池塘沿岸维修440平方米，80元/平方米；设置竹林隔墙160米，40元/米；石砌墙及花墙维修约200米，80元/米。 | 5.76 |
| 3. 残垣断壁整治 | 残垣断壁拆除、清运后砖砌墙体、硬化：约5处。长110米，高3米，墙体抹灰刷白，硬化路面，简单绿化。 | 10 |
| 4. 村内道路整治提升 | 市场街、村后街铺设沥青：其中村后街长550米，市场街长40米，宽度6米，铺设沥青厚度4～6厘米，每平方米造价约90元。 | 51.3 |
| 5. 村内绿化 | 主要位于村后街、村西河道东、西两侧及村委西侧广场，种植直径5厘米西府海棠150棵，每棵100元；直径5厘米木槿50棵，每棵60元；月季2 000棵，每棵6元；直径10厘米樱花10棵，每棵100元；直径8厘米月季树5棵，每棵300元；直径10厘米侧柏10棵，每棵600元；白皮松1棵，每棵5 000元；竹子10棵，每棵50元；银杏4棵，每棵500元。 | 7.15 |

（续）

| 主要整治项目 | 建 设 内 容 | 资金<br>（万元） |
|---|---|---|
| 6.弱电整治 | 主街弱电整治，顺墙穿管铺设弱电。长度约1 500米。 | 25 |
| 7.美 在 家 庭<br>创建 | 共创建美在家庭约340户，每户200元。 | 5 |
| 合计 | | 134.81 |

注：数据来源于淄博市周村区王村镇万家庄村村委会。

### 3.调研区域农村生活污水处理相关成本分析

农村生活污水处理模式主要有纳入城镇管网模式、村庄集中处理模式和分散式处理模式。在此次调研的121个村庄中，采用纳入城镇管网模式的有11个村庄，占比9.09%；采用村庄集中处理模式的村庄共40个，占比33.06%；采用分散式处理模式的村庄共3个，占比2.48%；此外还有67个村庄未建设农村生活污水处理设施，占比55.37%。

在建设费用成本投入方面，纳入城镇管网模式主要由市县政府财政投入，主要投入包括开沟、管网材料、机械、人工等费用。由于纳入城镇管网模式对村庄地理区位要求较高，一般适用于城镇污水管网可延伸5千米范围内的村庄。

村庄集中处理模式成本投入主要包括管网铺设、处理设施建设、机械耗能、人工等费用。以浙江省绍兴市上虞区为例，该区自2014年开始全面建设农村生活污水处理设施，到2016年共计资金投入约20亿元，实现全区322个行政村、17.88万户农村生活污水处理全覆盖，户均投入超过1万元。其中190个行政村采用村庄集中处理模式，共建设集中式处理终端909座。近年来，上虞区探索社会资本投入机制，利用公私合作（PPP）项目融资22亿元对农村人居环境整治基础设施大提升，其中大部分资金用于农村生活污水处理设施扩容、维修、基质和填料更换等方面。同时，上虞区还积极探索农户付费机制，对农民自来水费中加收0.05元/吨污水处理费，每年总计可收取约3 000万元，基本可负担全区每年农村生活污水处理设施的运营维护费用。

分散式处理模式成本投入主要包含一体化设备、机械和人工费用，以山东省肥城市潮泉镇上寨村为例，该村采用一体化污水处理设备对农村生活污水进行分散式处理。一体化设备建造成本约为5 000元/户，费用由村集体承担，后期管理维护电费等运行费用由农户自行承担，约为10元/（月·户）。

### 4.调研区域农村厕所改造相关资金投入分析

根据对甘肃、贵州、吉林、山东四省农村厕所改造的实地调研与数据分析，改厕类型主要有三格水冲式、双瓮式、卫生旱厕等，其中三格水冲式占所有改厕户的40%左右。受自然条件、地理区位等因素影响，各地区改厕成本也不尽相同。针对三格水冲式厕所，吉林省建设和改造成本分别约为4 000元和2 000元，甘肃省约为4 500元和2 300元，山东省约为1 500元，贵州省约为5 000元。双瓮式主要在甘肃省应用，其改厕成本约为1 600元。卫生旱厕在山东省和贵州省应用较少，在吉林省和甘肃省的改造成本分别约为4 000元、2 000元；其中，在甘肃省采用生物菌旱厕的建设成本约为2 500元。

## （三）农村人居环境整治的多元化投入机制探讨

农村人居环境整治具有显著的公共物品属性，并且长期以来由于我国的城乡二元结构，中央和地方政府在公共基础设施建设、资金投入和政策制定等方面向城镇地区倾斜，导致农村地区的发展远远落后于城镇地区。对于城市所需的水、电、路、通信、学校、医院、图书馆等公共基础设施，政府投入了大量资金；对于农村地区的公共基础设施，政府资金投入相对较少，这导致与农村人居环境整治有关的公共基础设施较为落后。此外，由于农村人居环境同时存在外部性属性，治理农村人居环境的收益也较难实现内部化，由此导致在农村生活垃圾、生活污水处理以及村容村貌改造提升等方面的激励作用有限。

从农村人居环境整治资金来源的角度来讲，由于农村污染具有污染源小而多、污染面广而散的特征，污染治理成本高、周期长、回收效益慢，对社会资本的吸引力弱，导致农村人居环境整治方面面临着投资主体单一和投入资金严重不足等突出问题，并且对项目的依赖性较强，受到上级政府资金和责任目标的束缚而缺乏可持续性。另外，农村人居环境资金投入主要来源包括中央及省级政府的专项资金来撬动地方政府配套资金以及地方县、乡及村庄的主动投入，由此导致我国不同地区的农村人居环境整治资金投入不均衡，中西部经济欠发达地区的农村人居环境更为落后，而东部经济发达地区的大部分村庄已达到较为适宜的农村人居环境标准，但是往往经济欠发达地区拥有着数量更多的农村人口和更大的居住密度，最终使得农村人居环境整治的普惠性大打折扣。

为保障农村人居环境整治资金的基本需求，激活实施主体的活力，提高环境整治及维护的效率，在加大政府财政支持力度的同时需要引入市场化运行机制，拓宽社会资本、民间资本参与农村环境治理的领域和范围。另外，农村居民是改善农村人居环境的直接受益者，同时也扮演提供者、生产者的角色，农村居民在农村人居环境治理及维护中的作用，应当被充分挖掘，探索政府资金引导、社会资金介入、村民分摊参与的多元化资金投入格局、激励相容与管控约束的投入机制。

首先，在农村人居环境改善起始阶段，中央政府需对各省加大专项资金投入，根据各省实际情况优化专项资金的地方配套比例，并且以项目资金为引导，逐步建立地方为主、中央补助的政府投入体系;整合农业农村部、生态环境部、住建部、水利部、财政部、国家卫健委、国家发改委等多部门涉农资金,统筹规划,发挥资金规模效应,确保农村环境综合整治取得实效;结合本地区实际情况,各地方政府应逐步提高农村人居环境整治配套资金标准,集中推行一批特定项目,理顺农村人居环境整治的资金筹集、使用、组织运转之间的内在关系,逐步实行财政"以奖代补",奖补重点从补建设转向补运行,着重对已建成的农村生活污染治理设施运行和维护费用进行补贴。

另外,政府应积极鼓励引入社会资本与政府、金融机构合作参与农村人居环境整治,充分发挥社会资本市场化、专业化等优势,改善融资环境。对于能够市场化运营的农村人居环境治理项目,向社会资本全面开放,对于政府主导、财政支持的农村人居环境治理项目,可采取政府与社会资本合作等方式,引导社会资本投入。同时,发挥政府在财政贴息、贷款担保、税收减免等方面的引导作用,通过大力发展股权投资基金和创业投资基金,鼓励社会资本采取私募等方式发起设立主要投资于农村人居环境整治的产业投资基金,引导社会力量和企业积极参与农村人居环境整治资金筹集。

再者,通过制定村规民约、环境保护先进评比、召开村民大会等方式,鼓励村民参与农村人居环境整治项目的运行和管理,探索建立农村环境治理缴费制度与费用分摊机制,在有条件的地区实行污水垃圾处理农户缴费制度、畜禽养殖污染治理缴费制度等,并结合经济社会承受能力、农村居民意愿等合理确定缴费水平和标准。

## 三、国际农村人居环境建设的模式、经验和启示

改善农村人居环境是世界上所有国家由传统社会向现代社会转型的重要发展环节，发达国家在农村人居环境建设方面积累了丰富的经验和教训。尽管我国国情与发达国家有明显差异，社会制度与农业发展的自然禀赋不同，农民生活方式也相异，但发达国家在基于生产、生活、生态"三生"为一体协调发展的农村宜居环境建设的做法为我国提供了重要的参考。在20世纪70年代，随着大量人口聚居城市，导致城市公共资源紧缺，生活舒适度下降。因此，发达国家出现了"逆城市化"的现象，部分城市人口回流农村地区，进而随着城市流动人口带来新的消费理念和消费需求，为提升农村地区的人居环境注入活力。因此，亟待以全球视角重新审视我国农村人居环境整治提升工作，充分借鉴美国、欧盟、日本、韩国等发达国家和地区在农村人居环境建设中的先进理念、运行模式及技术工艺，并基于我国农村人居环境现状分析，以农村生活垃圾治理、生活污水治理、厕所粪污治理、村容村貌提升为重点，探索出适宜于我国的农村人居环境整治提升的优化路径，构建改善农村人居环境长效运行的管护机制，实现中国乡村的"生态宜居"，促进中国乡村的全面振兴。

### （一）发达国家农村人居环境建设主要做法与模式

发达国家主要关注农村人居环境建设的村容村貌提升、生活污水处理、生活垃圾分类和厕所质量管控等方面，经过多年的探索，形成了包括德国村庄更新工程、意大利农村生活污水集中式处理模式、德国农村生活污水分散处理模式、法国农村生活垃圾分类处理模式、美国"生态村"建设、美国农村生活污水处理的责任分担模式、美国农村生活垃圾市场化运作模式、日本的农村建设和韩国"新村运动"等实践。系统梳理发达国家在农村人居环境建设方面的经验和做法，对改善我国农村人居环境、实现乡村振兴具有重大的借鉴意义。

#### 1.欧盟国家农村人居环境建设做法

欧盟成员国在完成工业化后，农村地区基本实现农业现代化，农业生产及生活基础设施日趋完善，致使部分城市人口回流农村地区，回流的城市人口带来城市化的生活方式，从而加大农村人居环境承载力的压力。鉴于此，欧盟基于"尊重自然、顺其自然"的原则，构建农村人居环境建设的引导、实施、激励、制约及保障机制体系，循序渐进地推动以人与自然协调发展为核心的农村人居环境建设。德国、法国、意大利等几个欧盟国家在这方面积累了成熟的经验，形成的相应模式值得借鉴。具体做法如下：

### (1) 村容村貌提升

德国的村容村貌提升一般被称为"农村翻新整治"或"村庄更新",其目的是在提高农村社会、自然、环境条件的同时保留其个性特点。这种经验做法可为我国找准切入点,有效促进村容村貌提供借鉴。主要做法有以下3点:一是注重城乡整体规划。随着德国农村土地改革政策的推行,考虑到农村地区可持续发展的需要,德国政府逐步提出和开始推行村庄更新计划,并将村庄更新工作纳入整个城乡规划的体系之中。村庄更新规划具有一定的综合性,需要同时满足上位规划对于该村庄发展的要求,同时也需要与村庄不同时期的建设计划相适应。村庄更新计划对于科学合理地规划农村地区未来的产业结构,提升村庄居民的生产、生活环境,对保护农村地区的人文遗产和自然风貌具有重要意义。作为较有代表性的巴伐利亚州,自20世纪50年代以来,当地政府就研究确定农村地区的整体发展规划,并严格按照规划实施农村地区的更新工作。具体工作内容包括重新划定发展区域、优化村庄产业结构、提升改善村庄面貌、修缮改造传统民居、保护自然人文遗产等。基于整体发展规划,还编制具体的村庄更新实施规划,用于对实施项目管理。针对上述提出的各类更新发展目标,需要在后续工作中编制相应的专项规划和详细规划予以落实。二是注重公众参与。在村庄更新的过程中,公众参与起到至关重要的作用。德国《联邦建筑法典》明确规定,在规划编制的过程中,公民有权参与整个过程并提出意见、建议及诉求。通过公民与政府之间的沟通、交流,可以让居民感受到更强的参与感,并更加积极地投身村庄更新的工作中。政府可以采用宣传海报、讲座以及各种新媒体的手段让村民及时了解村庄更新工作最新进展,并可以让村民通过不同渠道提出自己对于村庄更新工作的各项意见建议,以确保规划编制能够落到实处。三是注重公共基础设施建设。德国乡村建设规划是国土规划体系的重要组成部分,同时也是完全市场化运作的行为,其中心思想是要保证全国的乡村建设能够均衡发展。乡村公共基础设施按照区域整体规划和片区详细规划统筹规划、建设,并按照城市地区相同的建设标准、排污管网和垃圾分类、处理设施等,让农村居民可以享受到与城市居民相同的公共基础服务设施水平。为此,德国出台一系列法律法规,通过补贴、贷款、担保等方式支持乡村基础设施建设,保护乡村景观和自然环境,使乡村更加美丽宜居。经过逐步演变,村庄更新计划已成为"整合性乡村地区发展框架",旨在以整体推进的方式确保农村能够享受同等的生活条件、交通条件、就业机会。村庄更新计划包括基础设施的改善、农业和就业发展、生态和环境优化、社会和文化保护四方面目标。德国实践表明,一个村庄的改造一般要经过10～15年的时间才能完成。通过实施村庄更新项目,德国大部分乡村形成了特色风貌和生态宜人的生活环境,乡村成为美丽的代名词。

### （2）农村生活污水治理

①意大利农村生活污水集中式处理模式

意大利依托完善的公共基础设施，农村生活污水以集中式处理为主。意大利政府依靠良好的公路网络体系在公路沿线铺设管道集中收集农村生活污水，并由国家、大区、省政府和基层政府分别负责国道、区道、省道和干线下的污水管网建设和投资，用户承担私有住宅到主管网的支线建设费用。污水集中处理农村用户仅需按照城镇居民污水处理费标准的30%向政府支付污水处理费，对不便接入排污管道的农村居民家庭通过建立家庭式污水储存与净化池，交由专业机构维护与运营。挪威则主要采取农村生活污水原位处理的方法，包括化粪池、配水装置和土地渗滤系统等，部分地区因土壤渗透性差，一般采用一体化小型处理设施，先利用化粪池进行预处理，再利用生物处理工艺、化学处理工艺或者两者联用的模式进行处理。

②德国农村生活污水分散式处理模式

在20世纪90年代以前，德国农村生活污水采取的是工业化集中式处理办法，即将污水通过排水管道输送到污水处理厂集中处理，但此模式不仅成本较高，污水处理后的大量沉淀物和废物对环境还造成一定的压力。进入21世纪以后，这种集中式处理办法正被分散式污水处理新办法所代替，并逐渐形成3种主要的分散式处理系统。一是分散市镇基础设施系统。在没有接入排水网的偏远农村建造先进的膜生物反应器，并且进行雨污分流，通过膜生物反应器净化污水。这一系统不仅可以降低污水处理成本，还能在净化污水的过程中产生氮气，增强农村土壤肥力。二是湿地污水处理系统。湿地由介质层和湿地植物两大系统组成，通过这两大系统共同营造的生态系统，使污水处理功效达到最大。该系统将农村生活污水通过下水管道汇集流入沉淀池，经过沉淀池的4层渗滤之后，再经湿地净化处理，然后达标排放或用于农田灌溉。该系统运转无需化学药剂，所有材料均来源于大自然，对周边环境没有二次污染。湿地表面干燥，没有积水，构成景观绿地，日常运行费用很低，工艺流程简单，管理方便。三是多样性污水分类处理系统。居住区屋顶和硬质地面上的雨水通过管道收集，流入居住区内设置的渗水池。该渗水池经过特殊的造型和环境设计，外观融入小区的绿化设施，成为景观设计的一部分，池底使用特殊材料如砾石等，使池中的水自然下渗并汇入地下水。在暴雨或降水量大的情况下，多余的雨水导入相连的蓄水池，使雨水自然蒸发或通过沟渠汇入地表水，通过这种处理方式，雨水可下渗或者直接进入自然界的水循环。洗菜、洗碗、淋浴和洗衣等灰水，通过重力管道流入居住区内的植物净水设施进行净化处理。

### （3）农村生活垃圾处理

作为欧洲传统的农业大国，法国的城镇化进程尽管开始时间较晚，但历经多年发展，目前城镇化率已经达到85%。在城镇化进程中，法国政府始终将"可持续发展"作为目标之一，农村及小型城镇的垃圾分类回收及处理标准也与大型城市相同。目的是为改善居民生活质量，应对未来环境保护需求和能源对城市建设的挑战。

在法国农村地区，产生的生活垃圾均由市政一级的机构进行统一收集和处理。与大城市分类有所不同的是，农村的垃圾分类必须将有机垃圾与无机垃圾进行严格区分。工作人员收取垃圾时，如果发现村民没有按规则对垃圾进行分类，或把不适当的东西放到垃圾里，将会拒绝收集这些垃圾箱甚至罚款。每户村民均会收到由政府统一订制的不同大小共4个垃圾箱。垃圾箱装有轮子、把手及密封盖，特点是不会散发气味，又便于移动。统一垃圾箱的标准，是为了便于垃圾收集车自动将箱里的垃圾倾倒入车，随车的清洁工只需将垃圾箱挂在清洁车的专用装置上即可完成操作。对于体积过大的废弃物，如淘汰的旧家具和旧家电等，则需要通过电话或在专门的网站上进行预约，在得到一个回收的序列号后通过手写或打印的方式将其贴在需要弃置的物品上，并在指定时间摆放在家门前，会有专人进行回收处理。

### 2. 美国农村人居环境建设做法

#### （1）村容村貌提升

美国提升村容村貌主要从最大限度地绿化、美化乡村环境及充分尊重及发扬当地民众的生活传统两方面展开。20世纪60年代，美国政府开始进行"生态村"建设。保护生态环境政策的实施，使乡村自然环境大为改观，居住空间的舒适性、新鲜的空气、展现原始风貌的大山、充满活力的野生动物以及广袤的自然景观等都成为吸引资本投资和推动经济结构多样化的动力。20世纪70年代初，美国的乡村旅游开始迅速崛起，并成为带动乡村经济发展的有力武器。从而形成美国以农村人居环境整治为抓手，带动当地产业发展的模式。

#### （2）农村生活污水治理

美国将人口小于1万人的聚集区称为农村地区，农村人口约为1.18亿人，占总人口的37.3%。早在19世纪50年代，美国农村就开展分散式污水处理系统实践，经过100多年的发展已经形成比较完善的农村生活污水治理体系，为美国农村水污染治理和水环境质量改善发挥重要作用。因而，借鉴美国的分散式农村污水治理政策及技术，对于我国农村污水治理工作具有重要的参考意义。

①美国分散式污水处理技术及运行管理模式

美国分散式污水处理系统是一种包括污水现场收集与就近处理的综合系统，主要用以处理家庭、小型社区或服务区产生的污水。根据处理规模不同，分散式污水处理系统可分为现场污水处理系统和群集式污水处理系统两类：a.现场污水处理系统。19世纪中叶，现场污水处理系统在美国大规模应用，适用于单个家庭的生活污水处理。该系统由化粪池和地下土壤渗滤系统构成。污水流入化粪池经厌氧分解后，去除部分有机物和悬浮物，后流入土壤渗滤层，经渗滤、吸附、生物降解等净化作用后流入潜水层。该系统对土壤的渗透性、水力负荷等因素有一定的要求。据估计，美国国土面积中仅有32%的土壤适用现场污水处理系统。b.群集式污水处理系统。20世纪90年代后期，群集式污水处理系统逐渐在美国流行。群集式污水处理系统适用于多户家庭的生活污水处理，通过增加单独的处理装置，提高出水水质。其基本处理流程为：污水经化粪池预处理后，通过重力或压力式污水收集管道，运送到相对较小的处理单元进行物理或生化处理，后经地下渗滤系统或氧化塘等土地处理系统后排放或回用。常见的处理工艺有：一是物理过滤法。单通道介质过滤器、循环介质过滤器、粗介质、泡沫或织物过滤器等。二是生化法。固定膜生物膜法、悬浮生长活性污泥法等。

②美国农村生活污水治理的责任分担模式

美国各级政府在农村污水方面的主要责任是法案政策的制定、村落式污水处理工程的建设和为农村污水治理提供资金援助与保障。其中，联邦政府负责全国法案计划的制定、全国性项目的实行和建立污水治理项目基金；州政府负责制定区域的规章，并通过各种行政机构管理下属的农村污水处理体系；镇、市、村政府负责规划、批准、安装分散式污水设施和执行具体规定。a.资金投入保证方面。1989年以后，美国联邦、州级政府更多地采取低息贷款，而不是直接资助的方式帮助农村社区进行污水处理设施的建设与改善。联邦和州级政府共同建立水污染控制基金、农业部的废水处置项目都有责任为农村污水处理设施建设提供贷款与补助。以水污染控制周转基金为例，美国在每个州都设立相对独立的周转基金，联邦政府出资80%，州政府匹配20%，农村社区可以从周转基金中得到利率为0.2%～0.3%的长期贷款用于污水工程的建设，这个利率远低于5%的市场利率，在获得充足的建设贷款以后地方政府需要通过地方财政或污水处理费的收入逐年偿还贷款。这种低息贷款方式既保证地方政府能得到足量的资金进行污水处理工程的建设，又保持周转基金长期积累与有效运转。b.运营管理方面。美国除了生态敏感区域以外，农村污水治理重视用户自觉制。用户自觉制意味着用户自己承担污水处理设施的运营管理义务。例如，美国克兰伯里莱克村，用户在得到政府补助后，必须自行建设符合规定的家庭污水处理设施，且需要花费15美元购买为期3年的污水处理许可执照，并处理污水至符合排放标准。

**(3) 农村生活垃圾处理**

美国是世界范围内对于农村生活垃圾处理起步较早的国家之一，经过多年的探索与实践，在农村生活垃圾处理方面取得了较好的效果，并积累了丰富的经验。具体做法如下：

①完善立法，建立保障

美国政府与国会先后于1965年和1970年通过《固体废弃物法》和《资源保护回收法》。除了联邦政府颁布的法案包含对农村垃圾治理相关规定外，部分州市还颁布专门针对农村垃圾处理的专项法规。比如美国的俄克拉荷马州和肯塔基州，就对农村地区路边倾倒垃圾的问题颁布了法规，对非法倾倒垃圾的行为有详细的条文加以处罚。

②引入市场化运作，减轻政府压力

美国农业环境保护项目是自愿性的，联邦政府一方面通过资金、技术以及政策方面的支持，引导农场主参与农业环境保护项目；另一方面为提高保护政策的实施效率，在项目运作中引入市场机制，其支付水平取决于农场主环境保护水平与成效。为降低垃圾处理的成本，20世纪80年代以来，美国就开始普遍采用招投标制度将垃圾服务对外承包。美国通过对大约315个地方社区的固体垃圾收集的调查，显示私营机构承包要比政府直接提供这种服务便宜25%的费用。2012年由独立的研究组织提供的报告显示私营机构承包使街道清扫费用节约43%。

③提高公众参与，完善处理体系

美国在制定环境相关法律、计划时，或者在许可建造废弃物处理设施时，都需要邀请农民广泛参与，而不仅仅是征求意见。只有农民参与制定的法律和计划，农民才有意愿遵守和执行，才是具有可操作性的法律和计划。根据法律，农民可以申请组成类似于非政府组织的农村社区自治体，宣传、推广废弃物循环利用知识和家庭简单易行的再利用、资源化方法，或者是直接开展废弃物回收。在美国乡村，社区是最基层、最贴近民众的社会管理单位，是广大民众活动的基本场所。在农村社区中，主要实行公民自治，政府一般不干预社区管理，只是负责制定社区发展规划，提供财政支持，并对社区运行进行监督。像农村垃圾治理项目的选址、设计和规划等活动，是由当地居民自己组织、自愿参加。每家每户都配备专门的垃圾箱，每天早晨送到公路边，由专车带走分类垃圾。

3.日本农村人居环境建设做法

**（1）村容村貌提升**

自20世纪40年代至今，日本的农村建设走过了一个长期的探索历程，并在整个历程中不断学习探索。日本从缩小城乡差距开始，到推进农业生产环境整治，到提升农村生活水准，到着手营造农村景观，再到注重生态环境整治，经过一个渐进的、长期的过程。这种循序渐进的发展步骤，是现实和形势发展的需要，也是日本国内农村不断学习取经、研究总结、不断实践的结果。

日本村容村貌坚持传统及富有民族特色、风貌精致且讲究生活情趣、分散居住、功能划分、适应防震需要的住区建筑形态。日本农村的建筑形态高度地趋于一致，坚持传统建筑特色，特立独行的建筑形态相对较少；新时期的建筑虽然融入了一些时代的元素，但在外形上也基本以日本传统建筑形式为原型和基准，同旧式建筑的风貌区别不明显。日本的住宅风貌依旧保持原有的形态，在旧有建筑基础上配备现代化的生活设施，没有受西方建筑标准的影响。

### （2）农村卫生厕所改善

日本推行改善卫生行动，总体上分两个阶段：一是厕所设施质量提升阶段。近现代的日本，将农村厕所和卫生问题作为国家的重要课题，推行了厕所和卫生状态改善，将农村家庭厕所定位在"改善生活"的高度，有计划、有目的地推动了改良过程。厕所及其周围环境改善的主要目标为：①减少传染病，尤其是粪口传染病，特别是伤寒、痢疾等；②减少寄生虫症，特别是蛔虫症和钩虫症；③逐步将重点转移到生活的现代化与合理化。农村厕所硬件条件改良包括：①便池和贮存方法，要求使用厚生省改良式便池、粪尿分离型便池以及净化槽等；②便池清除方式从掏取式变为水洗式；③厕所从户外变为设置在户内。1965年以后的生活改善运动全面引入水洗化厕所，1980年普及率达50%以上，2001年之后普及率达85%以上。

二是厕所和卫生状态改善阶段。日本推行"居民参与型"卫生改善行动，要求各家庭主动采取措施，政府发放一定的硬件补助金，但大部分由居民自己负担。在日常生活中要求对厕所及时清扫，并喷洒杀虫剂。通过行动改善卫生环境，推动地区卫生组织有效落实改善生活以及学校、家庭项目等行动。灭杀蚊蝇的卫生行动包括设置厕所和取粪口密封盖；厕所窗户安装防蝇网，防止苍蝇进入便池；定期翻动厕所周边的土壤，防止土中蝇蛹孵化；便池以及淘粪口等整体进行混凝土硬化。在整个区域开展灭杀蚊蝇的卫生行动，强调区域、村落、单位等整体行动的必要性。居民组织向保健所或行政部门提出技术需求，由保健所环境卫生监督员对居民进行专业知识辅导和技术帮助，驱除老鼠、灭杀蚊蝇。组织多种形式的地区卫生活动，如由学校发起、学生参与举办的海报和标语比赛，入户访谈交流等。多种方法反复进行，并进行周密详细的记录和评价，对规划、实施、记录、评价全过程进行管理。通过媒介宣传，推广最好的实践方法，使区域所有人员获得成就感。

### （3）农村生活污水治理

日本农村生活污水治理由行政机关、用户以及行业污水治理中介服务机构共同参与完成，尤其是作为第三方的行业中介服务机构在农村生活污水设施运营方面担任重要角色，推动农村生活污水处理设施的低成本化研究与开发。同时，日本对第三方生活污水处理中介服务机构的要求也相当严格，如行业机构需取得相应的资质，从业人员需获取相应的专业证书等，并建立一系列自上而下的约束性法规及标准，如日本政府专门颁布的《净化槽法》，建设省专门颁布的有关净化槽的构造标准，通过标准的导向作用，引导第三方的生活污水处理服务机构选择适宜的污水处理工艺，提高生物污水处理效率。日本多年的农村生活污水治理经验主要有：

①建立责任管理体系

日本的农村污水处理主要由下水道、农业村落排水设施、净化槽三种建设方式构成，分别归属国土交通省、农林水产省和环境省管辖，在城市规划区域和农业村落排水设施之间涉及自然公园区域以及对水质有特殊要求的区域设定特定环境保护公共下水道，归国土交通省管辖。

②统筹治理规划设计

《都道府县构想》推动三个部门负责的三类项目的整合。污水处理设施的建设以这三大项目为核心展开，其基本思路是由地方政府参考各种方式的特点、经济性等因素，结合地方的实际情况选取最为合理的方式通过编制《都道府县构想》来实施。《都道府县构想》是三个部门联合编制的经济性研究规划，通过这种规划设计，三种建设方式在实践中得以有效整合。在《都道府县构想》制定过程中，都道府县以整个地区为对象，以市町村的计划和构想为基础，进行合理的统筹安排，综合考虑经济性、维护管理、紧迫性等因素。都道府县充分征求市町村、社会团体和民众的意见。

③污水资源循环利用

农业村落排水项目是农林水产省面向农业振兴地区提供的补贴项目，这种基于农业振兴地区的环境建设视角创建的生活排水处理项目，有力地推动农村地区的建设，农村地区的生活排水处理由此得到飞跃性发展。作为一种生活排水处理设施，农业村落排水具备与下水道同样的功能，从项目的定位来看，一方面能够维持和保护农业用水排水设施的水质与功能，改善农村的环境，同时也保护公共用水域的水质。污泥处理方面多采取在粪尿处理设施进行处理的方式，最终大约69%的污泥还原农田，实现循环利用。出水排放到农业用水水路和小河川，作为农业用水加以循环利用，污泥则通过还田等也能再利用，实现地区内资源循环。

④完善维护管理体系

日本农村污水处理领域项目的运营管理主要由市町村负责进行，多数是作为公营企业经营，在具体操作上一般委托给民间第三方机构，民间机构必须由具备下水道法及净化槽法所规定的资质的人员来执行。包括关于安全管理、卫生管理、危险防止等，以法律形式规定资格制度。对于净化槽管理，则由净化槽管理者（净化槽所有者）负责。净化槽的维护检查业务可委托净化槽维护检查企业或净化槽管理人士，清扫业务可委托净化槽清扫企业来执行。处理对象人口在501人以上的应对污水处理设施配置净化槽技术管理者，作为维护检查及清扫技术业务等的统一管理者。净化槽等的清扫及污泥处理，一般多按"净化槽法"委托给具有净化槽清扫业许可的清扫业者，也可由业主本身或市町村长指定农户进行污泥的收集搬运、农田还原。清扫业者在进行污泥处理时，应具备"废弃物处理及清扫相关法律"规定的一般废弃物处理业许可。

### 4. 韩国农村人居环境建设做法

韩国20世纪六七十年代起实现经济腾飞，创造了"汉江奇迹"，但地区发展极不平衡，贫富差距拉大，社会矛盾加剧。由于当时占全国人口70%以上的韩国农民生产和生活状况落后，而政府财力较弱，因此韩国政府是在20世纪70年代初开始在全国开展"新村运动"，目的是动员农民共同建设"安乐窝"。在此期间，"新村运动"相对缓和了社会矛盾，提高人们合作与和谐共处的意识，推动社会文明和进步。

#### （1）村容村貌提升

村容村貌直接反映出农村文化气息。韩国"新村运动"首先从改善农村居住环境着手。据统计，1970年韩国全国250多万农户中，约有80%居住茅草屋，饮用井水，生活条件、卫生条件较为落后，整个农村呈现出凌乱、破旧的景象。为改善这种情况，1970年11月，韩国政府首先拨款20亿美元启动"新村运动"，主要用于修建农村用水系统、供电系统和通信设施、改建村庄和修建乡村道路等。韩国中央政府免费向全国3万余个村庄发放水泥用于村里公共事业。地方政府提出20种乡村建设项目，主要包括修建桥梁、公共浴池、改善饮水条件、建造村活动室、改造卫生间和村级公路等。同时，韩国政府向农民普遍提供长达30年的低息贷款并推荐12种标准住宅图纸，让农民新建或改造住房。至1977年，昔日的稻草房已完全消失，农村面貌焕然一新；20世纪70年代末，全国大部分村庄完成道路改建，并安装了简易自来水设施，村民彻底告别饮用井水的历史。整齐洁净的村社环境增强了农民爱护环境、保护环境、绿化环境的意识，提升了农民的文化修养。韩国村庄建设规划有序，整齐洁净，而且农户的庭院绿化意识浓厚，房前屋后都种有花草树木。

#### （2）农村生活垃圾处理

韩国从1995年开始就在城市地区实行"基于量的垃圾分类收费"政策，市民需要购买一定规格的、不同种类的垃圾袋才能进行垃圾分类排放。然而，在农村地区，由于房屋分散，私自焚烧处理垃圾而不使用垃圾袋的现象十分常见。为有效处理农村垃圾和防止私自焚烧，韩国政府于2002年7月推行了"基于量的村级垃圾收费制度"（Volume-based Waste Fee System on Village，VWFS），在50户以下的村或者目前不属于垃圾管理区的乡村实行以垃圾收集箱的垃圾集中转运，替代垃圾袋的使用（图3-1、图

3-2)。2018年，韩国农村垃圾分类比例达到了81.25%，私自焚烧或填埋垃圾的比重仅有14.5%，农村垃圾分类进程较快，其主要做法有以下几项：

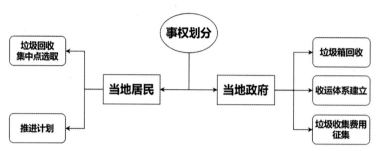

图3-1　韩国村级VWFS系统中本地村民和政府事权划分

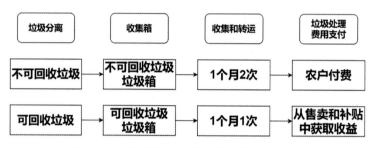

图3-2　村庄VWFS系统的垃圾分类及收集过程

①成立村级垃圾治理委员会，建立农村垃圾分类实施和监督主体机制

成立由村长、妇女协会主席、青年团体主席等村庄能人组成的委员会，讨论决定村庄垃圾处理问题，包括垃圾箱放置位置选址，任命管理人负责管理村庄基金，讨论垃圾的收集频率、收费方法、运输方案、处理方式等。此外，还负责管理村庄基金，用于支付垃圾处理的费用。委员会培训村庄能人负责监督、管理、宣传工作。委员会还组建独立的监督小组，指定废物收集监督员，负责取缔非法焚烧或处置垃圾的行为。委员会必须指定管理人员，负责通知居民指定的垃圾处理地点、垃圾排放方式。委员会采用网站教学、发放宣传日历等多种方式让农村居民学会并应用垃圾分类。具体来说，通过在收集地点展示垃圾排放的方法要求居民配合、通过印刷品或广播通知等方式帮助居民了解垃圾排放方式。

②合理划定各方责任，协调配合共同治理

在村级VWFS系统中，市政主管（相当于村委会）需要分别为可回收垃圾、不可回收垃圾安装垃圾收集箱，并负责收集、运输和处理垃圾并收取处理费用，可以将垃圾收运承包给私营公司；村民应该自觉将垃圾分为可回收和不可回收两类，并放置到垃圾收集箱中，不可自行焚烧。

③建立完善农村生活垃圾分类体系

农村地区垃圾分为两类，一类是农业废料，包括农用塑料、农药瓶和可回收物品与日常生活垃圾分开，农业机械和废油分开收集，每个月回收2次，并运送到最近的回收中心。另一类是可回收垃圾，每种都有独立的回收箱，每个月回收1次。

总体而言，韩国建立一套村庄垃圾分类体制，实现村庄垃圾分类体系运行和管理的自循环。首先，组建垃圾分类的实施和监督主体。村庄中的村民居住较为分散，但伦理本位和人情关系是村庄核心，要持续推进垃圾分类工作，必须要有能够凝聚村民关系的组织存在。因此需要充分发挥村庄能人的作用，组成委员会，切合本村实际，制定垃圾分类制度，使用专项资金方式，并起到一定监督作用。其次，合理划定政府和村民的责任，使得政府和村民自治组织各司其职，相互协调配合。

## （二）国外发达国家农村人居环境建设经验与启示

通过梳理欧盟、美国、日本、韩国等国际经验，以启发我国农村生活垃圾处理、生活污水治理、厕所粪污治理、村容村貌提升为重点，探索出适宜我国农村人居环境整治的优化路径，构建改善农村人居环境长效运行和管护机制，实现我国乡村的"生态宜居"，为促进我国全面实现乡村振兴提供经验借鉴。

### 1. 建立垃圾分类及收费制度，确保生活垃圾源头减量

从国外农村生活垃圾处理情况来看，实施垃圾分类制度是从源头上控制垃圾产量的有效方法，同时可以有效地进行垃圾的回收利用，减少资源的浪费。农村生活垃圾分类工作的有效实施依赖于全民生活垃圾资源化、减量化教育以及社会管理的配套制度。例如，日本是世界上人均垃圾生产量最少国家之一，每年人均垃圾产生量仅为410千克，这更多是得益于日本自20世纪80年代建立起来的近乎苛刻的垃圾分类制度。另外，垃圾收费制度是实现垃圾减量化的另一条有效途径。发达国家实施垃圾收费制度，并根据垃圾产生量收取不同费用，实际处理经验表明实施垃圾收费制度可在一定程度上使居民减少垃圾排放量，同时也为垃圾处理提供资金保障。例如，芬兰从1996年开始征收垃圾税，而这些费用也全部用在垃圾处理、废物清理、维护处理设施以及废物运送等方面，不仅有效缓解芬兰政府在垃圾处理方面的资金压力，也大大降低芬兰的人均垃圾产生量。

### 2. 合理采取农村污水处理方式，降低污水处理运行成本

综合以上分析，发达国家农村生活污水处理模式因地、因势有所不同，处理技术多元化。意大利由于基础设施比较完善，建立依托公路网络的农村生活污水收集处理系统，实现农村生活污水的集中处理；美国、韩国、日本部分农村分散居住，管网不健

全，则主要以分散式处理系统为主。考虑到建设成本和后期运营维护费用，需结合不同农村地区人口、用地、水环境等特征，因地制宜地选取农村生活污水处理方式。例如，对于距离街镇建成区较近的村庄，可结合乡村路网建设铺设短距离污水收集管道，就近接入街镇污水管网，将村庄污水纳入街镇污水处理厂统一处理；对于村庄布局规划中近期将迁并的村庄，可选择分散式污水处理方式作临时过渡处理，处理方式包括小型人工湿地、家庭沼气池、太阳能驱动污水处理装置等；对于地形地貌规整、居住相对集中、用地较为紧张的规划保留村庄，可结合农村环境整治工程同步完善村庄道路污水收集管网，建设村庄污水站等小型污水处理设施进行集中处理；对于地形地貌复杂、污水不易集中收集的规划保留村庄，可结合生态绿色农业基地等项目建设，强化人畜禽粪便的资源化利用，采用就地处理等相对分散的处理方式分散处理污水。

3.坚持宜居实用为主原则，完善加强基础设施建设

发达国家农村基础设施体现顺应自然、以人为本的理念，不追求奢侈豪华，以宜居实用为主。欧盟在保护农村生态环境的同时，积极推进农村基础设施现代化建设，持续推动生态宜居乡村建设。各成员国市政当局引导水源地沿岸、泄洪道及村庄居民点垃圾堆放点清理工作，示范开展集中化雨水排放系统、家庭化粪池和污水处理系统建设任务，并统筹集中处理乡村社区生活垃圾及各户卫生厕所粪便。农村地区还大力推进乡村社区内部道路沙石化建设，树立主要交通道路尽量绕开社区居住核心区的建设理念，并以沙混、沥青或水泥沿道路铺装乡村外围行车道路，用沙混材料铺装交通安全设施与道路交通安全标志，配置标准消防栓，完善路灯照明系统。另外，欧盟成员国注重对集中供水设施、排水和污水处理设施、垃圾收集和处理、村庄道路建设等基础设施建设的严格监管，开展环境监测，量化各具体基础设施建设对实现农村人居环境目标的贡献。

4.分类制定法律、法规与政策支持体系，建立长效运行管护机制

完善的政策法规支撑体系是农村人居环境宜居和持续优美的基础保障，欧盟、美国、日本等国家和地区都立足本国国情及农村人居环境整治重点内容制定相关的法律、法规与政策支持体系。欧盟近年来相继颁布《2007—2013年农村发展条例》《委员会第92/316/EEC号指令》《耗能产品生态设计框架指令》等法规条例，明确包括欧洲农业担保基金、欧洲农业农村发展基金、成员国共同出资、个人或机构捐助在内的多元投入机制，以及对发展生态农业和自愿签订长期农业环境协议的农民提供补贴的激励机制；英国制定《污染控制法》《家庭生活垃圾再循环法令》等相关法律法规，明确垃圾污染防治的责任和义务；德国先后颁布《垃圾处理法》《减少废弃物产生与废弃物处理法》《容器包装废弃物的政府法令》《循环经济法》等法律法规，严格控制进入填埋场的有机垃圾数量，制定进入填埋场的垃圾总有机碳含量小于5%的目标；在联邦政府层面，美国

国会分别通过《清洁水法案》《安全饮用水法案》《水质量法案》，为农村生活污水治理提供法律保障，同时制定《资源保护和回收法》《污染预防法》等法律法规，对各州的固体垃圾管理计划设定最低标准，禁止开设新的露天倾倒场，要求对所有固体废弃物进行资源回收或以卫生填埋等对环境无害的方式处置；日本制定一系列《净化槽法》《废弃物处置法》《容器包装循环处置法》《家用电器回收利用法》《废弃物处置法修改案》等生活废弃物管理和处理的法律法规体系，为日本生活污水和生活垃圾规范化处置提供制度保障。

梳理发达国家在农村人居环境整治中的法律、法规与政策支持体系可以看出，首先，这些国家和地区制定了完善的法律条例，形成科学的制约机制，并在实施过程中对其进行修改与完善，使其更适合本国的实际情况。如美国的《清洁水法案》，日本的《净化槽法》《废弃物处置法》，欧盟《2007—2013年农村发展条例》中都明确了保护农村环境、提高农村地区生活质量的目标。

其次，多渠道筹措农村人居环境建设资金，形成保障机制。虽然具体形式上存在差异，但是美国、日本的建设资金都是由国家、地方政府和居民三方共同承担，欧盟地区的建设资金是由欧盟筹措以及各成员国共同出资，并由欧盟统一管理。

最后，建立有效的激励和奖惩机制。美国和日本都通过补贴的方式引导居民更多地安装分散型污水处理系统，欧盟地区则在农业环保上给予农民补贴，并且在美国私自处理垃圾以及在日本乱扔垃圾都属于违法行为，都有可能被追究法律责任。得益于完善的法律体系、多渠道且稳定的资金来源、有效的激励机制，美国、日本和欧盟地区农村人居环境得到很大的改善，成效显著，不仅村庄环境干净整洁有序，农村居民的环境保护和健康意识也普遍增强。

# 四、农村人居环境整治的政策支持体系

## （一）我国农村人居环境整治的政策梳理

### 1. 农村人居环境整治支持政策演变历程

农村人居环境保护和整治涉及村庄规划、生活污水治理、垃圾处理、农业废弃物回收处理、改厕等诸多方面，对当前已有的政策文件和法律法规进行梳理，了解和总结我国目前关于农村环境保护和整治政策及法律层面已有的经验和存在的问题，对于之后构建和完善农村人居环境整治提升相关的法律法规体系，制定切实可行的政策措施具有重要的参考价值。

#### （1）2013年之前我国农村人居环境治理相关法规梳理

1989年，《中华人民共和国环境保护法》出台，2014年修订。该法第三章第三十三条提出县级、乡级人民政府应当提高农村环境保护公共服务水平，推动农村环境综合整治。然而，没有提出相应的具体措施，法律强制性不足，可操作性不强。

1984年，《中华人民共和国水污染防治法》出台，2017年第三次修订。该法第四章第四节专门针对农业和农村水污染防治作出规定，指出地方各级人民政府应当统筹规划建设农村污水、垃圾处理设施，并保障其正常运行。

1995年，《中华人民共和国固体废物污染环境防治法》出台，2019年第五次修订。该法第三章第三节针对生活垃圾污染环境的防治作出规定，涉及城市生活垃圾处理的内容较多，并未详细列出农村生活垃圾污染环境防治的具体办法，只是简单地指出由地方性法规规定。

1988年，《中华人民共和国水法》出台，2016年第三次修订。该法更多地强调提高城市生活用水效率和城市污水再生利用率。但是对于占用农业灌溉水源、灌排工程设施，破坏原有灌溉用水、供水水源的行为惩罚过轻，对农业灌溉用水保护不足，对农村生活用水效率和农村污水再生利用率不够重视。

2013年，《畜禽规模养殖污染防治条例》颁布，该条例是我国第一部国家层面专门针对农业环境保护的行政法规。第十三条对未建设污染防治配套设施或者自行建设的配套设施不合格，作出明确的处罚规定，这有利于改善农村环境。

通过梳理上述法律法规，发现我国目前还没有一部国家层面上专门的农村环境保护类法律法规，已有的法律法规涉及农村环境保护和治理的内容较少，相关表述也缺乏法律强制性，目标定位不够清晰，对相关主体的责任规定也不够具体，惩罚力度也较轻；再者，农村人居环境建设和整治涉及村庄规划、生活污水治理、垃圾处理、农业废弃物回收处理、改厕等许多内容，关系到住建、生态环境保护、农业农村、水利等多个部门，职责存在交叉的地方，任务分工难以细化，整治过程中不仅很难追究责任，而且容易出现扯皮现象。这些法律法规关于农村环境保护的内容过于粗略，应细化农村人居环境整治的内容，制定农村生活垃圾、污水等处理设施的技术规范、建设标准、评估办法、考核机制等。

**（2）2014年以来我国农村人居环境整治支持政策梳理**

围绕农村生活垃圾与生活污水处理、厕所改造、村容村貌建设等农村人居环境整治的重点任务与关键环节，系统梳理国家与省级层面制定的关于农村人居环境整治支持政策。

2018年《循环经济促进法》（2018年修订版）提出县级以上人民政府应当统筹规划建设城乡生活垃圾分类收集和资源化利用设施，建立和完善分类收集和资源化利用体系，提高生活垃圾资源化率。

2019《中华人民共和国城乡规划法》（2019年修订版）提出县级以上地方人民政府根据本地农村经济社会发展水平，按照因地制宜、切实可行的原则，确定应当制定乡规划、村庄规划的区域。在确定区域内的乡、村庄，应当依照本法制定规划，规划区内的乡、村庄建设应当符合规划要求。

2021年《中华人民共和国乡村振兴促进法》，出台首个关于统筹乡村振兴的法律，将生态保护作为乡村振兴重要板块纳入法律，提出应加强乡村生态保护和环境治理，绿化美化乡村环境，建设美丽乡村。在农村人居环境建设方面，应该统筹开展垃圾分类、污水治理、厕所改造和宜居乡村建设。

**2. 农村人居环境整治支持政策主要措施**

**（1）以加大政府财政支持整体推动农村人居环境系统整治**

自2008年起，中央财政设立农村环境综合整治专项，支持包括农村生活污水和垃圾治理等数项内容在内的农村环境整治。截至2014年年底，共下达中央资金255亿元，支持约5.9万个村庄，重点开展农村饮用水水源地保护和农村生活污水、垃圾治理。2018年中共中央办公厅、国务院办公厅印发《农村人居环境整治三年行动方案》，明确指出建立地方为主、中央补助的政府投入体系。地方各级政府要统筹整合相关渠道资金，加大投入力度，合理保障农村人居环境基础设施建设和运行资金。中央财政要加大投入力度。支持地方政府依法合规发行政府债券筹集资金，用于农村人居环境整治。从2019年起，财政部、农业农村部组织开展农村厕所革命整村推进财政奖补工作。中央财政安排资金，用5年左右时间，以奖补方式支持和引导各地推动有条件的农村普及卫生厕所，实现厕所粪污基本得到处理和资源化利用，切实改善农村人居环境，该年中央财政投入70亿元资金用于农村厕所革命整村推进财政奖补工作。同年，农业农村部、财政部关于印发《农村人居环境整治激励措施实施办法》，对全国31个省（区、市）和新疆生产建设兵团进行评价，并在中央财政在分配年度农村综合改革转移支付时，对农村人居环境整治成效明显的县予以适当倾斜支持。国家发展改革委印发《关于报送农村人居环境整治专项2019年中央预算内投资建议计划的通知》，在中央预算内投资中增设专项，安排30亿元支持中西部省份开展农村生活垃圾、生活污水、厕所粪污治理和村容村貌提升等基础设施建设。财政部通过农村环境整治资金安排42亿元，重点支持《水污染防治行动计划》确定的规划村庄整治、农村污水综合治理试点；通过农业生产发展资金和农业资源及生态保护补助资金安排89.5亿元，支持各地开展农作物秸秆综合利用、畜禽粪污资源化利用试点、农用地膜回收利用相关工作；通过农村综合改革转移支付资金安排61.7亿元，支持各地开展美丽乡村建设；通过旅游发展基金补助地方项目安排8.4亿元，用于支持旅游厕所建设。

启动农村厕所革命的整村推进奖补试点。2019年，农业农村部会同财政部启动农村厕所革命整村奖补工作，中央财政从2019年开始，利用5年时间对地方的农村厕所革命进行支持。通过政策支持实现农村厕所粪污基本得到处理和资源化利用。2019年安排70亿元资金，惠及超过1 000万农户。

启动农村人居环境整治整县推进工程。主要是针对中西部农村人居环境整治相对薄弱的情况，2019年农业农村部会同国家发改委利用中央预算内投资，安排30亿元专项资金启动人居环境整治整县推进工程，支持对象以中西部为主，遴选141个县，每个县支持规模为2 000多万元，重点聚焦农村生活污水、垃圾以及厕所粪污治理和村容村貌等综合提升，以县为单位加快补齐农村人居环境设施短板。

启动督查奖励政策，按照《国务院办公厅关于对真抓实干成效明显地方进一步加大激励支持力度的通知》，2019年，农业农村部和财政部在地方推荐的基础上，遴选农村人居环境整治成效明显的19个县给予奖励，每个县奖励2 000万元，奖励资金由地方统筹用于人居环境整治的相关工作。

**（2）以公共基础设施建设带动农村人居环境切实改善**

2018年，国家发改委支持相关省份开展中小城市基础网络完善工程，加强城域网建设，为连接农村的基础设施提供有力支持，安排中央预算内投资60亿元支持开展城镇污水垃圾处理处置设施建设，通过以城带乡、设施共享等方式将服务能力拓展至农村；安排中央预算内投资72.7亿元，支持86.4万建档立卡贫困人口实施易地扶贫搬迁；安排以工代赈示范工程中央预算内投资17亿元、财政预算内以工代赈资金42.2亿元，为参与工程建设的贫困群众发放劳务报酬5.9亿元以上。在全面补齐农村公共基础设施短板的同时，改革创新管护机制，构建适应经济社会发展阶段、符合农业农村特点的农村公共基础设施管护体系，全面提升管护水平和质量，切实增强广大农民群众的获得感、幸福感和安全感。2019年，国家能源局安排"三区三州"农网改造升级中央预算内投资90.8亿元，将四川凉山州、云南怒江州、甘肃临夏州等"三州"农网改造升级项目的中央资本金比例提高到50%。

**（3）以科技创新推动农村人居环境整治整体提升**

科技部在国家重点研发计划"绿色宜居村镇技术创新"重点项目中，安排村镇饮用水水质提升、污水处理与循环利用、村镇生活垃圾处理、乡村生态景观营造、村镇社区环境监测与修复、村镇社区空间优化等研究内容，通过开展村镇饮用水智能化处理工艺、生活污水分质处理技术、垃圾高效预处理与压缩运输一体化技术装备、社区环境污染分类和风险评估技术方法等研发工作，为农村人居环境整治提供科技支撑。2018年中央农办、农业农村部印送农村人居环境整治工作分工方案，制定农村人居环境整治工作有关职责分工意见，提出以科技部为牵头单位，根据农村不同区位条件、村庄人口聚集程度、污水产生规模，因地制宜采用污染治理与资源利用相结合、工程措施与生态措施相结合、集中与分散相结合的建设模式和处理工艺。加快研发并示范推广低成本、低能耗、易维护、高效率的农村生活污水处理技术和生态处理工艺。2019年中央农办等九部委发布《关于推进农村生活污水治理的指导意见》中提出推进农村人居环境整治应加大科技创新。鼓励企业、高校和科研院所开展技术创新，研发推广适合不同地区的农村生活污水治理技术和产品。推动农村生活污水处理与循环利用装备开发，探索农村水资源循环利用新模式。鼓励具备条件的地区运用互联网、物联网等技术建立系统和平台，对具有一定规模的农村生活污水治理设施运行状态、出水水质等进行实时监控。

**（4）以政策倾斜巩固贫困地区农村人居环境整治成果**

2018年，生态环境部制定《关于生态环境保护助力打赢精准脱贫攻坚战的指导意见》，支持贫困地区打好打赢污染防治和精准脱贫两个攻坚战，以生态环境保护助力脱贫攻坚，聚焦深度贫困地区，加快解决突出环境问题，积极推进农村人居环境整治三年行动，针对农村垃圾、污水治理和村容村貌等重点领域，推动实现贫困地区农村环境明显改善。国务院扶贫办、农业农村部以实现贫困人口脱贫为优先目标，因地制宜支持推进贫困地区农村人居环境整治工作，出列贫困村农村人居环境明显改善；会同财政部印发《关于做好2019年贫困县涉农资金整合试点工作的通知》，明确已正式公布的脱贫摘帽县，可根据需要，将整合资金适当用于农村人居环境整治项目；协调自然资源部下达深度贫困地区所在省份2019年跨省域调剂城乡建设用地增减挂钩节余指标20.88万亩①，用于深度贫困地区包括贫困村人居环境整治在内的脱贫攻坚重点工作。2019年11月，农业农村部办公厅等五部委联合发布《关于扎实有序推进贫困地区农村人居环境整治的通知》，指导贫困地区以决战决胜脱贫攻坚为中心任务，以实现干净整洁为基本目标，探索"菜单式"梯次推进、由易到难的整治模式，统筹考虑农村人居环境基础设施建设，推动乡村产业发展和农村人居环境整治互促互进等合理推进农村人居环境整治工作，并指出要加大对有条件、有意愿贫困地区的农村人居环境整治支持力度，有关农村厕所革命、环境综合整治、美丽乡村建设等项目向贫困地区倾斜，通过典型示范，因地制宜探索有效治理方式和技术路径。同年，国家发展改革委办公厅、农业农村部办公厅《关于报送农村人居环境整治专项2019年中央预算内投资建议计划的通知》中指出财政投资要统筹兼顾有较好基础、基本具备条件的地区，以及地处偏远、经济欠发达等地区类型，并注重向贫困地区尤其是深度贫困地区倾斜。就不同地区工作来看，海南省和贵州省设置专门的农村人居环境整治公益性岗位，重点向贫困户倾斜，鼓励第三方企业优先聘用贫困户担任环境卫生设施管护员；云南省配合农业农村部召开全国农村改厕暨贫困地区农村人居环境整治工作座谈会，进一步厘清贫困地区农村人居环境整治要求、整治重点；江西省将厕所革命与精准扶贫工作相结合，把厕所革命纳入精准脱贫，作为主要指标进行考核；

**（5）建立完善农村人居环境整治工作推进机制**

2018年，中共中央办公厅、国务院办公厅印发的《农村人居环境整治三年行动方案》，提出农村人居环境整治工作组织保障措施，提出完善中央部署、省负总责、县抓落实的工作推进机制。中央有关部门根据本方案要求，出台配套支持政策，密切协作配合，形成工作合力。省级党委和政府对本地区农村人居环境整治工作负总责，明确牵头责任部门、实施主体，提供组织和政策保障，做好监督考核。强化县级党委和政府主体责任，做好项目落地、资金使用、推进实施等工作，对实施效果负责。市地级党委和政府做好上下衔接、域内协调和督促检查等工作。乡镇党委和政府做好具体组织实施工作。各地在推进易地扶贫搬迁、农村危房改造等相关项目时，将农村人居环境整治统筹考虑、同步推进。2019年，中央农办、农业农村部对标《农村人居环境整治三年行动方案》细化年度工作任务，印发《2019年农村人居环境整治工作要点》，对43项重点工作分别明确牵头责任部门，确保落到实处；会同生态环境部在安徽巢湖组织召开全国农村生活污水治理工作推进现场会，会同财政部组织召开推进厕所革命视频会议，会同住房和城乡建设部在河南兰考组织召开全国农村生活垃圾治理工作推进现场会，会同国家卫生健康委等部门印发《关于切实提高农村改厕工作质量的通知》，会同生态环境部

---

① 亩为非法定计量单位，1亩＝1/15公顷。——编者注

等部门印发《关于推进农村生活污水治理的指导意见》，会同国务院扶贫办等部门印发《关于扎实有序推进贫困地区农村人居环境整治的通知》；联合会同财政部、国家发展改革委落实70亿元中央财政资金实施农村厕所革命整村推进奖补政策，落实中央预算内投资30亿元支持中西部省份整县开展农村人居环境整治。2020年3月，中央农村工作领导小组办公室、农业农村部印发《2020年农村人居环境整治工作要点》，制定11个方面50项举措，涉及21个部门，对各地区各部门结合实际认真贯彻落实、确保按时保质完成《农村人居环境整治三年行动方案》目标任务提出要求。

### 3. 农村人居环境整治支持政策评价与经验总结

近些年来，国家对农村人居环境整治的重视程度日渐提高，相继出台一系列支持政策文件，但仍存在一些问题，既有源于农村人居环境整治工作自身特点的问题，更有源于机制缺失的问题，借助政策分析工具，结合农村人居环境整治相关政策的整理，近年来我国农村人居环境整治提升支持政策整体上存在以下几点不足。

### （1）系统化协同能力有待提升

农村人居环境整治是一项系统性工程，涉及中央农办、农业农村部、国家发展改革委、科技部、财政部、自然资源部、生态环境部、住房和城乡建设部、交通运输部、水利部、文化和旅游部、国家卫生健康委、国家能源局、国家林草局、全国供销合作总社、国务院扶贫办、共青团中央、全国妇联等多个部委和相关部门，虽然农村人居环境整治的相关支持政策逐年增多，但是，不少政策之间内容有交叉，部门任务有重叠，分工不明晰，部门工作体制上呈现条块分割局面，九龙治水、各管一摊，缺乏有效的统筹协调，基本停留在单项工作阶段，系统化整体提升还有很大空间。

### （2）社会各方力量参与度有待提升

政府通过鼓励社会力量参与农村人居环境整治，既可节约政府开支，又能促进农村居民的相互交流，推动人居环境的提升，形成多方共赢的良好格局。但目前我国农村人居环境整治相关政策为"政府直控型环境政策"，从环境成本和效率角度看，这种政策过于依赖政府的行动，社会力量参与少，从而出现政府成本过高而且过于集中的问题。另外，政策在执行过程中较多地受人为因素的影响，地方政府多处于主导地位，形成"自上而下"的决策机制，农民群众作为需求方参与决策还不够，整治效果与人民群众的期望还有一定的差距。

### （3）监督环节支撑能力和长效机制的建立有待加强

近年来，我国围绕农村人居环境整治密集出台一系列支持政策，但是，这些政策侧重村庄规划、村庄绿化、道路建设等实体任务的部署与支持，在任务执行监督、成效评价等环节的支持力度和工作部署还不适应村庄人居整治提升的要求，政策实施过程中间题反馈机制亟待建立。部分地方工作开展更多关注村庄公共基础设施前期建设，却忽视后期运行管护，建而不管、管护不到位的现象比较突出。此外，一些地方在乡村建设过程中出现大拆大建、建而不用、资金浪费等现象。

## （二）未来我国农村人居环境整治提升的政策诉求分析

### 1. 农村人居环境整治调研区域基本情况

2020年7—12月，课题组从全国东、中、西部选取吉林、甘肃、山东、贵州四省作为农村人居环境整治典型省份开展实地调研与问卷调查，2021年5月，课题组赴浙江抽取部分村民代表进行问卷访谈，主要听取各主体对现阶段农村人居环境整治的满意度和未来农村人居环境提升的政策诉求。从整体情况看，当前农村生活垃圾基本实现农村全域治理、厕所改造基本完成，村容村貌得到有效提升、农村生活污水治理逐步开展，基本达到农村人居环境干净、整洁、有序的整治目标。

调研采取分层抽样和随机抽样相结合的方法，从吉林、甘肃、山东、贵州四省随机抽取3个市（县），每市（县）随机抽取3个乡镇，再从每个乡镇随机抽取3个行政村，最后从3个行政村中随机抽取10名农户进行问卷调查。共发放调研问卷1 019份，除去关键问题遗漏和前后问题不一致的情况，共获取有效问卷975份，问卷有效率为95.68%。其中，吉林238份、甘肃234份、山东264份、贵州210份、浙江仅抽取部分村民代表共29份。样本基本情况如表4-1所示。

表4-1 调查样本基本情况

| 指标 | 样本数量 | 最小值 | 最大值 | 均值 | 标准偏差 |
|---|---|---|---|---|---|
| 性别（0=女，1=男） | 975 | 0 | 1 | 0.69 | 0.46 |
| 年龄（岁） | 975 | 19 | 84 | 53.26 | 11.87 |
| 受教育程度<br>(1=未上过学，2=小学，3=初中，4=高中或中专) | 975 | 1 | 5 | 2.98 | 0.90 |
| 身体状况<br>(1=很差，2=较差，3=一般，4=较健康，5=很健康) | 975 | 1 | 5 | 4.38 | 0.80 |
| 是否是村干部（0=否，1=是） | 975 | 0 | 1 | 0.22 | 0.41 |
| 是否党员（0=否，1=是） | 975 | 0 | 1 | 0.30 | 0.46 |
| 家庭总人口（人） | 975 | 1 | 12 | 4.57 | 1.72 |
| 家庭总收入（万元） | 975 | 0.1 | 600 | 6.78 | 25.71 |
| 吉林 | 238 | | | | |
| 甘肃 | 234 | | | | |

（续）

| 指标 | 样本数量 | 最小值 | 最大值 | 均值 | 标准偏差 |
|---|---|---|---|---|---|
| 山东 | 264 | | | | |
| 贵州 | 210 | | | | |
| 浙江 | 29 | | | | |

### 2. 农村生活垃圾治理情况及农户政策诉求

从农村生活垃圾治理来看，当前农村生活垃圾已经基本实现全域治理，多数地区已经构建城乡一体化收运体系或"村收集、镇转运、县处理"收运体系，大部分村已经开展生活垃圾源头分类，并且实现就地就近处置。如图4-1所示，调研涉及的117个村中，有49个村生活垃圾为混合收集、集中处理，59个村为分类收集、集中处理，9个村为分类收集、就地处理[①]。

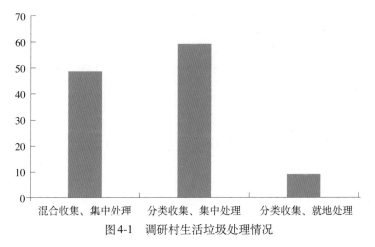

图4-1　调研村生活垃圾处理情况

按照生活垃圾"减量化、无害化、资源化"原则，多数地区已经开展生活垃圾源头分类，进而推进生活垃圾分类转运、分类处置。从经济学角度出发，实现农村生活垃圾源头分类，能有效减少生活垃圾转运和末端处理成本。实现垃圾分类治理的首要任务就是在农户层面树立垃圾分类意识，通过问卷调查了解农户对生活垃圾分类的政策诉求。如图4-2所示，从全样本看，有54.36%的农户希望政府合理配置分类投放的垃圾桶，有52.31%的农户希望政府加强环境保护宣传与教育，53.95%的农户希望政府提供生活垃圾分类培训，34.97%的农户希望政府在垃圾分类治理中制定简单易行的分类标准，11.38%和6.67%的农户希望政府完善垃圾管理制度建设和提高垃圾回收补偿标准。对于非垃圾分类试点区的农户而言，31.69%的农户希望合理配置分类投放的垃圾桶，约

---

①　由于陕西、江西调研所涉及的4个村庄属典型调查，未对村民做调研问卷，因而未把该4个村庄纳入分析。

25%的农户希望提供生活垃圾分类培训以及加强环境保护宣传与教育，而分类试点区的农户在健全垃圾管理体系和提高垃圾回收补贴标准当面的政策诉求比非垃圾分类试点区的农户更加强烈。

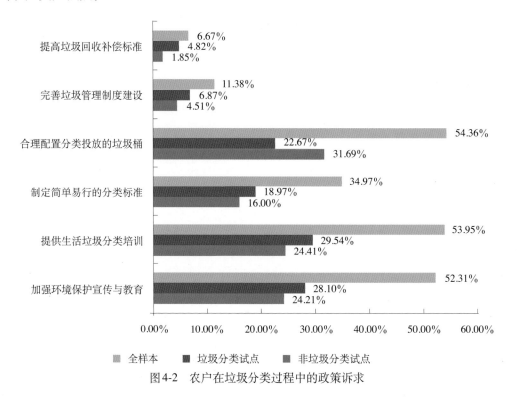

图4-2　农户在垃圾分类过程中的政策诉求

### 3. 农村生活污水治理情况及农户政策诉求

从农村生活污水处理方式来看，总体可以分为集中式和分散式处理，集中式处理可细分为纳入城镇统一处理管网和纳入村集中处理两种模式，分散式处理即对污水进行就地收集、就近处理；村集中处理即整村铺设管网、建设污水处理设施；纳入城镇统一处理管网即针对城郊融合类村庄铺设管网纳入城镇污水处理设施。在117个调研村庄中，有11个村污水纳入城镇管网统一处理，36个村实行村集中收集处理，3个村实施生活污水分散式处理，有67个村目前尚未建立生活污水处理设施，占调研村比例的57.26%（图4-3）。

深入调查了解无处理设施的67个调研村农户对生活污水治理政策需求，调查发现，72.64%的农户更愿意接受铺设管网，由村集中处理；21.99%的农户愿意接受根据地形地貌特征，建设小型处理设施，处理自家或邻近几家生活污水；还有5.37%的农户认为生活污水量少、污染小，不需要处理（图4-4）。

基于农户角度，进一步了解67个调研村尚未开展生活污水治理的主要原因。总体来看，50.97%的农户认为本村尚不具备充足的生活污水治理资金；21.85%和12%的农

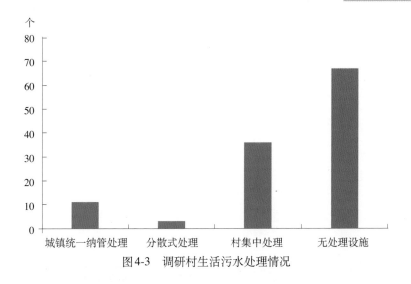

图4-3　调研村生活污水处理情况

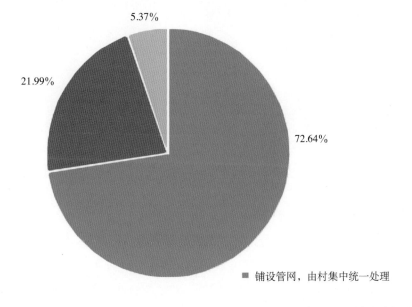

图4-4　农户生活污水处理模式偏好

户认为制约污水治理的主要因素是缺乏相应的技术和建设人员；8.31%的农户认为当前开展生活污水治理没有相应的补贴政策，在一定程度上制约治理积极性；2.56%的农户认为由于自然因素限制。

分地区而言，吉林、甘肃和贵州三省绝大部分农户认为资金短缺是造成污水治理乏力的主要原因。由于地形地貌复杂，贵州省14.71%的农户认为自然因素限制当地污水处理设施的建设。相对其他省份而言，山东省在生活污水治理补贴方面的需求较大。吉林省则面临着高寒地区污水治理技术的制约，21.85％的农户认为应进一步探索适合严寒冬季正常运转的治理技术。除上述因素外，甘肃省部分农户认为日常生活排污量小、污水蒸发量大导致污水少、设备难以维持运转也是当地开展生活污水治理的重要原因。从调研情况看，制约开展农村生活污水治理的因素多种多样，在人居环境整治提升阶段，应该因地制宜，补齐当地开展污水治理短板，建设适宜当地地形地貌、气候特征、文化习俗的污水处理技术和运行模式（图4-5）。

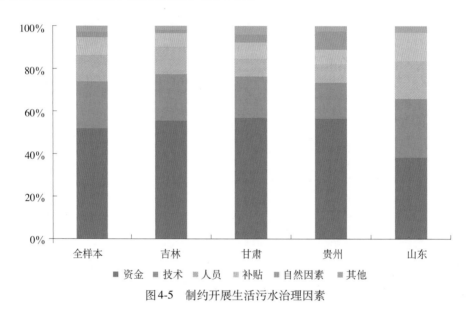

图4-5　制约开展生活污水治理因素

#### 4. 农村厕所革命情况和农户满意度

从厕所改造方式来看，大体上可分为水冲式厕所及旱厕两大类，当地政府根据实际条件因地制宜进行厕所改造，按照改造方式详细分为以下8种类别：三格式水冲厕所、双瓮式厕所、沼气池式厕所、粪尿分集式厕所、双坑交替式厕所、其他类型水冲厕所、改造旱厕及未改造传统旱厕。在975份农户样本中，388户农户改造为三格式水冲厕所，占总体样本的39.79％；103户农户改造为双瓮式厕所，占总体样本的10.56％；176户农户改造为其他水冲式厕所，占总体样本的18.05％；279户农户为改造旱厕，占总体样本的28.62％；沼气池式及粪尿分集式厕所应用较少，仅占总体样本的0.92％及0.31％；仍有1.74％的农户未进行厕所改造（图4-6）。

975份农户样本中，958户农户完成厕所改造工作，从厕所改造满意程度来看，47.08％的农户对当前厕所使用情况非常满意，36.51％的农户对当前厕所使用比较满意，6.36％的农户表示当前厕所使用一般，对当前厕所使用情况不太满意或十分不满意的农户占到总体样本量的5.74％和4.31％，农户对于厕所使用情况满意程度较高（图4-7）。

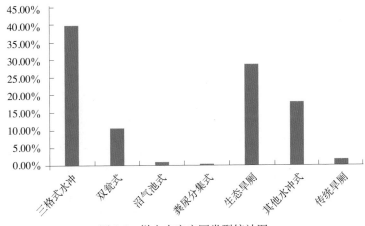

图4-6 样本农户户厕类型统计图

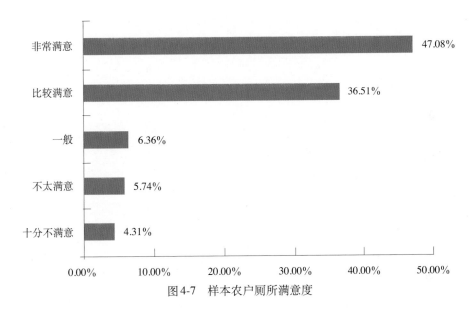

图4-7 样本农户厕所满意度

### 5. 村容村貌整治农户满意度及政策诉求

从整体情况看，调查农户对村内绿化、村内亮化和村内整体环境的满意度集中在满意和非常满意两个层次，说明当前农村人居环境整治的效果明显，农户对于人居环境整治所带来的生活环境改善感知明显（图4-8）。

从调查样本农户来看，27.80%的农户认为应该加强生活污水治理，26.02%的农户希望提升村内娱乐文化环境状况，19.44%的农户希望加强道路建设和维修，16.72%的农户希望村庄绿化建设，16.20%的农户希望垃圾治理与管护，13.27%的农户希望加强厕所的维护与管理，4.60%的农户希望加强村庄路灯亮化建设，还有1.57%的农户提出完善电力、自来水、生活广场以及发展乡村旅游等政策诉求（图4-9）。

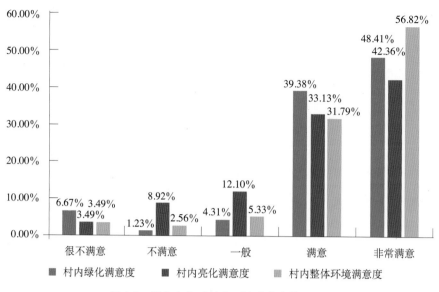

图4-8  样本农户对村内环境满意度统计图

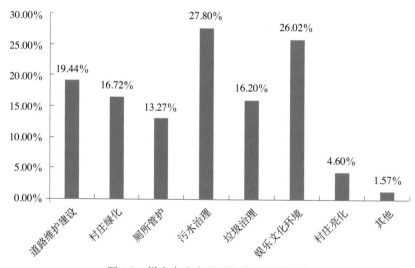

图4-9  样本农户人居环境整治政策需求

## （三）建立健全农村人居环境整治制度框架与政策支持体系的建议

1. 完善法律法规，推动农村人居环境改善由单项整治向系统提升转变

随着农村人居环境整治的整体推进，无论是政府主导还是市场化运作，多元化的农村人居环境整治投入机制需要有效的政策体系作为支撑。党的十八大以来，党中央高度重视农村人居环境整治工作，《关于改善农村人居环境的指导意见》《农村人居环境整治三年行动方案》《水污染防治法》《固体废物污染环境防治法》等相关指导性文件相继出

台，但是多数为原则性要求或框架性方案，缺少专门针对农村人居环境整治资金投入方面的规程文件，即使部分文件有所涉及，也仅仅分散在个别条款中，缺乏资金投入方面系统性、针对性、可操作性的政策支撑体系。并且随着我国农业农村经济社会的快速发展和农村人居环境问题的不断凸显，部分法律法规和标准规范已无法有效解决现有农村人居环境整治所面临的资金问题，甚至现有法律法规和标准规范与其多有冲突。此外，需整合农业农村部、生态环境部、住建部、国家卫生健康委等多个中央部委专项资金，统筹规划统筹使用，由以往的单项整治转变为系统提升。

因此，亟须针对农村人居环境整治的特点和资金投入现状，以资金整合与多元投入视角重新审视其资金投入相关法律法规的冲突与协调内容，从成本与效益、资金投入可持续性等方面加强制度创新，进一步强化农村垃圾收集与处理、生活污水治理、村庄道路建设等方面的资金投入政策支撑，通过立法和制定规程对相关制度、政策进行法制化，为中央和地方政府、社会团体、组织和个人的投资提供保障。

2. 强化政策配套，构建与农村人居环境整治提升相匹配的激励措施

通过激励一批农村人居环境整治成效明显的组织机构、项目、地区，形成主动作为、竞相发展的良好局面，为扎实推进农村人居环境整治，提升治理成效打下基础。

首先，健全金融机构资金投入激励政策，完善政策性银行和开发性金融机构对农村人居环境整治资金投入的支持政策，鼓励开展收费权、特许经营权等担保创新类贷款业务，建立并规范发展融资担保、保险等多种形式的融资模式。

其次，制定土地、电价等优惠政策。制定保障村镇污水垃圾处置设施建设用地的相关政策，研究出台将秸秆初加工收储、畜禽粪污资源化利用设备、生活垃圾收集及处理设施、污水垃圾处理设施、废旧地膜回收利用等用地纳入农用地管理的相应政策，并将其用电标准由"一般工商业及其他用电"调整为"农业生产用电"，同时对符合固定资产投资审批程序的生活垃圾发电项目积极落实国家可再生能源发电价格政策。将对化肥的优惠政策调整为鼓励采用有机肥，把有机肥运输纳入《实行铁路优惠运价的农用化肥品种目录》。

再者，完善税收和收费等优惠政策。对农村污水、垃圾资源综合利用等实施全额返还劳务增值税。探索农村污水垃圾、畜禽养殖污染治理、农作物秸秆综合利用企业所得税减免，免征污水垃圾、畜禽养殖污染治理生产经营性用房及所占土地的房产税和城镇土地使用税。对涉及农村污水治理设施运行维护管理相关的行政事业性收费项目，经批准可以减收或免收。

3. 强化制度约束，建立农村人居环境改善成效的评估与监督机制

针对目前农村人居环境整治中过度关注工程建设完成率，较少关注人居环境整治

成效和可持续性以及监管缺位的问题，要加强对农村人居环境整治的全过程监管与考核，尽快建立监督考核机制，巩固提升治理成效。首先，以考核为重点，筑牢严格、精准的监督防线。考核是引领干部工作的指挥棒和风向标，考核结果的震慑作用和刚性约束，能有效压实地方政府责任，推动农村人居环境整治各项任务落到实处。《农村人居环境整治三年行动方案》指出，要加强考核验收督导，将农村人居环境整治工作纳入政府目标考核范围，作为相关人员政绩考核的重要内容。其次，采取第三方参与模式，建立农村人居环境整治成效的评估与监督机制，对参与农村人居环境整治的利益相关者的行为、治理效果、满意度、存在的问题进行全面科学的评估，以寻求完善农村人居环境整治的途径与措施，特别是设施建成之后管护机制的完善，是确保整治成效可持续性的关键。最终，进一步建立健全群众监督机制，通过设立线上、线下举报投诉渠道，及时核查整改群众反映的问题，真正做到群众事群众办、群众参与、群众监督。通过加强监督、严格考核，进一步巩固整治成果，不断提升群众获得感、幸福感。

4.明确农村生活垃圾处理的责任主体，建立相应的标准和技术规范

目前，《中华人民共和国环境保护法》和《中华人民共和国固体废弃物污染环境防治法》是农村垃圾处理的主要法律依据。在农村生活垃圾处理法律缺失情况下，一方面要抓紧制定相关法律法规，为农村垃圾处理提供不同层面不同环节的法律依据；另一方面，应根据现有法律中关于固体废弃物的处理规定，出台农村生活垃圾的具体管理办法或政策文件，进一步细化责任，明确防治要求。相关法律法规应尊重农村垃圾地域差异特点，积极推动以授权立法的形式将地方性农村生活垃圾污染环境防治的具体办法和规范交由各地自主制定。目前，上海、浙江、安徽等省（市）都分别制定了地方环境保护条例、地方农村环境污染防治规划或地方农村垃圾管理办法，可供其他省份借鉴。另外，需要进一步加强农村垃圾处理改善情况的统计评价和监督检查，并把相关评价和检查结果作为地方政府工作考核的重要依据。

5.以村庄规划为引领，提升农村建设用地效率

农民在富裕后大多都考虑新建、扩建住宅，许多农村出现了"弃旧建新"现象，由此带来了非法抢占耕地、无序私建房屋、旧房闲置等后果，严重影响农村人居生活环境，而且占用稀缺的农村土地资源，影响农村整体布局规划和景观。科学、合理的村庄规划是村容村貌整治提升工作的重点，直接影响到村容村貌建设成果及村庄后期发展。建议改革并完善现存的土地管理制度与规划体系，严格按照集聚提升型、城郊融合型、特色保护型、易地搬迁新建型四类村庄，分类规划、分类指导。在规划中，既要符合现代化的要求，又要考虑村镇的长远发展，既要让农民生活的便利，又能展现出村庄特

色，持续细化与完善各项基础设施的建设标准规范。鼓励各地在村庄规划编制中结合地方实际、地方特色选择有代表性的村庄类型，针对性地开展编制试点，编制实用性强的村庄规划，以点带面推动全域村庄规划工作。在编制"多规合一"的村庄规划时，统筹村庄发展目标、统筹生态保护修复、统筹耕地和永久基本农田保护、统筹历史文化传承与保护、统筹基础设施和基本公共服务设施布局、统筹产业发展空间、统筹农村住房布局、统筹村庄安全和防灾减灾，为农村人居环境整治和乡村振兴战略实施创造条件，打好基础。

6. 因地制宜，分类制定农村生活污水治理路径与规范

农村生活污水治理是农村人居环境整治的重要内容，也是农村人居环境最突出的短板。面临目前资金投入不到位、工作进展不平衡、管护机制不健全等一系列问题，亟待立足我国农村实际，以污水减量化、分类就地处理、循环利用为主要导向，加强统筹规划，系统梳理农村生活污水治理标准修订情况。根据农村不同区位条件，以及生活污水排放去向、利用方式和人居环境改善要求，按照分区分级、宽严相济、回用有限、注重实效、便于监管的原则，应加快制定、出台农村生活污水治理设施标准，组织编制我国重点区域的农村生活污水治理技术导则与规范。各地应加快制修订农村生活污水处理排放标准，充分发挥地方主动性推进农村人居环境整治。对于人口少、居住分散、距离中心村和城镇较远的村庄，设施建设和运行成本高，宜就地处理和资源化利用，排放要求适当放宽，资源化利用符合相关标准要求。对于人口密度大、居住相对集中的村庄，根据排水去向和水环境功能，确定执行标准和治理要求。指导各地根据治理效果、人口规模、气候条件和资金保障能力等，选择适合农村地区的小型生活污水收集方式和治理技术。针对主要技术模式制定较详细的农村生活污水治理技术规范，提高各地农村生活污水治理专业化水平。此外，鼓励有条件的地区探索建立污水处理受益农户付费制度，提高农户自觉参与的积极性。

7. 以奖代补、精准施策，充分发挥农民参与厕所改造的积极性

改厕过程中要注重发挥农民作为参与者、建设者和受益者的主体作用，强化政府规划引领、资金政策支持，引导村组织、农民和社会主体共同参与农村厕所改造。中央财政统筹考虑不同区域经济发展水平、财力状况、基础条件，实行东中西部差别化奖补政策，结合阶段性改厕工作计划安排财政奖补资金，并适当向中、西部倾斜。进一步明确"地方为主、中央补助"的农村厕所改造补助政策方针，地方各级财政部门应加强粪污收集、储存、运输、资源化利用及后期管护能力提升等方面的设施设备建设，并根据三格化粪池厕所、三联式沼气池厕所、双瓮漏斗式厕所、粪尿分集式生态厕所、水冲式厕所的建设成本与相关农户支付意愿，制定厕所改造的补助标准与补贴政策。

### 8. 加强宣传引导，充分发挥农民的主体作用

将农村生活垃圾分类处理、生活污水治理、健康如厕等知识纳入中小学和幼儿教育，从娃娃抓起，从小培养保护农村人居环境的良好意识和行为。遴选一批农村人居环境教育培训与实践基地。把改善农村人居环境作为农村精神文明建设的重要内容，提高农民群众环境保护和卫生健康意识。充分利用广播电视、网络、微信公众号等多种媒体，通过环保知识宣传栏、印发宣传材料和倡议书、举办文艺演出等多种形式，广泛宣传农村环境卫生知识，引导农民由"要我整治"向"我要整治"转变。发挥村级党组织战斗堡垒作用、党员干部模范带头作用，发动群众、组织群众确保各项任务落地，引导农民群众自觉改善村庄环境。鼓励农村集体经济组织通过依法盘活集体经营性建设用地、空闲农房及宅基地等方式，多渠道筹措资金用于农村人居环境整治。广泛宣传推广各地区各部门好经验好做法好机制，发挥典型引领作用，营造全社会关心支持农村人居环境的良好氛围。

## 五、项目环境影响分析与风险管理

### （一）项目环境影响分析

#### 1. 项目工作开展与环境影响

本项目对我国农村人居环境整治提升在环境影响、风险管理方面具有重要意义，发挥着重要作用。一是通过对欧盟、美国、日本、韩国等发达国家的农村人居环境整治模式、经验和启示的研究，系统梳理发达国家在农村人居环境整治方面的经验做法，为我国农村人居环境整治提供先进经验借鉴。二是通过分析我国在农村人居环境整治所采取的主要措施、取得的成效、存在的问题以及归纳总结农村厕所革命、生活垃圾整治、生活污水治理、村容村貌整治等典型模式，为深入开展农村人居环境整治提升提供典型经验做法。三是开展我国农村人居环境整治设施运营和管护等资金投入分析，并以贵州省贵阳市白云区农村生活垃圾处置、山东省淄博市万家庄村村容村貌整治、调研区农村改厕和生活污水治理等方面开展成本效益分析，在治理投入上进行了剖析，为治理资金预算投入上提供参考。四是梳理了我国农村人居环境整治相关政策，开展政策效果评价，提出政策诉求及建议，为更好地开展农村人居环境整治提升提出政策建议。总体而言，本项目为我国农村人居环境整治模式与政策研究提供了样板，为下一步深入农村人居环境整治提升提供了典型模式参考，为各级政府提出政策建议，将对我国农村人居环境整治提升的政策制度建设、技术模式选择、措施保障等方面发挥积极作用，减少工作推进弯路，扩大环境建设正面效应，降低环境风险。

#### 2. 项目实施前后状况对比分析

项目实施后，将在我国农村人居环境整治提升的技术模式选择、管护机制建设及制定合理政策等方面产生重要影响。一是在技术模式选择方面，更有利于各个地方政府因地制宜选择适宜的治理技术模式，避免因模式选择不当出现建而不用、"晒太阳"现象。我国幅员辽阔，各地经济水平、气候条件、资源禀赋等差异较大，不同农村也存在经济收入、地形地貌、发展区位、生活习惯等差异。因此，各个地方在选择技术模式时，应根据区域类型，结合城郊融合类、集聚提升类、特色保护类、易地搬迁新建类等四类村庄类型及村庄发展规划布局，更合理选择技术模式。二是在政策制定方面，由单项政策制定向统筹区域综合发展方向转变。在新的发展阶段，农村人居环境整治政策不应局限于单个环境要素治理，要不断提高贯彻新发展理念、构建新发展格局的能力和水平，把创新作为引领发展的第一动力，以科技创新为核心转变生产、生活、生态失衡的粗放发展模式，统筹推进农村生产、生活、生态等三生、"山水林田湖草"生命共同体建设，提升政策的覆盖面、可操作性及前瞻性，破解农村发展难题、增强发展动力、厚积发展优势，开启农村人居环境整治现代化建设新征程。三是在管护机制建设方面，助力建立健全治理设施建设、运行两个阶段的管理监督机制。专门设立省级人民政府农业农村工作领导小组办公室，承担全省农业和农村重大问题的调查研究、检查监督、综合协调和指导服务；细化相关部门的职责，突出先行先试，强化监管执法，提升执法精细化和标准化水平；制定激励、问责、倒逼机制，纳入党政干部绩效考核和末位约谈体系。更好地提升政府监督能力，激发农村人居环境整治的各级主管部门、参与建设及运维等各类主体的积极性。

## （二）环境影响相关的能力建设及制度建设

农村人居环境整治能力建设主要体现政府的决策能力、执行能力、协调能力、监督能力等方面。在决策能力建设方面，以习近平总书记关于"三农"发展的重要论述和"两山"理论为指导，认真及时贯彻落实党中央决策部署，深入学习浙江"千村示范、万村整治"工程经验，按照一张蓝图绘到底的理念，准确把握乡村发展规律，客观准确提出农村人居环境治理提升具有前瞻谋划、接地气情怀的发展蓝图。在执行能力建设方面，按照党政"一把手"亲自抓、分管领导直接抓的"五级书记负责制"工作推进机制，一任接着一任干，一以贯之、久久为功、精益求精，更加有效提升各级政府的执行能力。在协调能力建设方面，成立专门机构，统一管理、协调，地方政府专门设立省级人民政府农业农村工作领导小组办公室，承担全省农业和农村重大问题的调查研究、检查监督、综合协调和指导服务，把平行分散的相关部门的工作有效地调度起来，形成职责明确、各负其责的统一整体，显著提高推进效率。在监督能力建设方面，强化执法精细化和标准化水平，制定奖惩机制，引入第三方参与评价，通过倒逼机制提升各方参与积极性。同时，在党政管理层面，建立问责和末位约谈机制，纳入党政干部绩效考核，强化政府的监管督查能力。

在制度建设方面也发挥重要影响。党的十八大以来，党中央高度重视农村人居环境整治工作，中央和部委相继印发了《农村人居环境整治三年行动方案》《关于改善农村人居环境的指导意见》《关于推进农村"厕所革命"专项行动的指导意见》《关于推进农村生活污水治理的指导意见》《农村厕所粪污无害化处理与资源化利用指南》《农村厕所粪污处理及资源化利用典型模式》等相关指导性文件，全国31个省（区、市）已制修订农村生活污水处理设施水污染物排放标准，已有约20个省份出台了农村户厕改造的地方标准、规范或技术导则等。但这些制度多为框架性、描述性文件，可操作性、衔接性差。亟须针对农村人居环境整治的特点，完善资金保障、技术规范、建设运维等制度。项目针对性提出健全与农村人居环境整治提升相匹配的法律法规、标准和技术规范、激励措施、治理成效的评估与监督机制等，有效推进建立健全农村人居环境整治提升的制度建设，为我国农村人居环境整治提升提高制度保障。

# 附件1　我国农村人居环境整治相关法律、政策梳理

附表1-1　农村人居环境建设与整治相关法律法规内容

| 年份 | 法律法规名称 | 相关内容 |
|------|-------------|---------|
| 1988 | 《中华人民共和国水法》 | 侧重从水资源规划、开发利用、保护、纠纷处理与法律责任等方面规定水资源管理。 |
| 1989 | 《中华人民共和国环境保护法》 | 地方各级人民政府，应当对本辖区的环境质量负责，采取措施改善环境质量。 |
| 1995 | 《中华人民共和国固体废物污染环境防治法》 | 提出县级以上人民政府应当统筹安排建设城乡生活垃圾收集、运输、处置设施。 |
| 2013 | 《畜禽规模养殖污染防治条例》 | 对畜禽养殖废弃物综合利用、污染防治及配套设施建设等做出具体规定。 |
| 2014 | 《中华人民共和国环境保护法》（2014年修订版） | 提出县级、乡级人民政府应当提高农村环境保护公共服务水平，推动农村环境综合整治。 |
| 2017 | 《中华人民共和国水污染防治法》（2017年修订版） | 统筹规划农村污水、垃圾处理设施，制定化肥、农药等产品的质量标准和使用标准，畜禽养殖场、养殖小区建设畜禽粪便、废水的综合利用或者无害化处理设施建设。 |
| 2018 | 《循环经济促进法》（2018年修订版） | 提出县级以上人民政府应当统筹规划建设城乡生活垃圾分类收集和资源化利用设施，建立和完善分类收集和资源化利用体系，提高生活垃圾资源化率。 |
| 2019 | 《中华人民共和国城乡规划法》（2019年修订版） | 县级以上地方人民政府根据本地农村经济社会发展水平，按照因地制宜、切实可行的原则，确定应当制定乡规划、村庄规划的区域。在确定区域内的乡、村庄，应当依照本法制定规划，规划区内的乡、村庄建设应当符合规划要求。 |
| 2020 | 《中华人民共和国固体废物污染环境防治法》（2020修订版） | 提出县级以上地方人民政府应当加快建立分类投放、分类收集、分类运输、分类处理的生活垃圾管理系统，实现生活垃圾分类制度有效覆盖。<br>产生生活垃圾的单位、家庭和个人应当依法履行生活垃圾源头减量和分类投放义务，承担生活垃圾产生者责任。 |
| 2021 | 《反食品浪费法》 | 国家倡导文明、健康、节约资源、保护环境的消费方式，提倡简约适度、绿色低碳的生活方式。<br>产生厨余垃圾的单位、家庭和个人应当依法履行厨余垃圾源头减量义务。 |
| 2021 | 《中华人民共和国乡村振兴促进法》 | 将生态保护作为乡村振兴重要板块纳入法律，应加强乡村生态保护和环境治理，绿化美化乡村环境，建设美丽乡村。<br>引导全社会形成节约适度、绿色低碳、文明健康的生产生活和消费方式。<br>各级人民政府应当建立政府、村级组织、企业、农民等各方面参与的共建共管共享机制，综合整治农村水系，因地制宜推广卫生厕所和简便易行的垃圾分类，治理农村垃圾和污水，加强乡村无障碍设施建设，鼓励和支持使用清洁能源、可再生能源，持续改善农村人居环境。<br>县级以上地方人民政府应当加强农村住房建设管理和服务，强化新建农村住房规划管控，严格禁止违法占用耕地建房；鼓励农村住房设计体现地域、民族和乡土特色，鼓励农村住房建设采用新型建造技术和绿色建材，引导农民建设功能现代、结构安全、成本经济、绿色环保、与乡村环境相协调的宜居住房。 |

附表1-2　2018年以来中央1号文件关于农村人居环境整治的内容

| 年份 | 文件名称 | 主要内容 |
|---|---|---|
| 2018 | 中共中央 国务院《关于实施乡村振兴战略的意见》 | 提出持续改善农村人居环境。实施农村人居环境整治三年行动计划，以农村垃圾、污水治理和村容村貌提升为主攻方向，整合各种资源，强化各种举措，稳步有序推进农村人居环境突出问题治理。坚持不懈推进农村"厕所革命"，大力开展农村户用卫生厕所建设和改造，同步实施粪污治理，加快实现农村无害化卫生厕所全覆盖，努力补齐影响农民群众生活品质的短板。总结推广适用不同地区的农村污水治理模式，加强技术支撑和指导。深入推进农村环境综合整治。逐步建立农村低收入群体安全住房保障机制。强化新建农房规划管控，加强"空心村"服务管理和改造。保护保留乡村风貌，开展田园建筑示范，培养乡村传统建筑名匠。实施乡村绿化行动，全面保护古树名木。持续推进宜居宜业的美丽乡村建设。 |
| 2019 | 中共中央 国务院《关于坚持农业农村优先发展做好"三农"工作的若干意见》 | 提出扎实推进乡村建设，加快补齐农村人居环境和公共服务短板。<br>抓好农村人居环境整治三年行动。深入学习推广浙江"千村示范、万村整治"工程经验，全面推进以农村垃圾污水治理、厕所革命和村容村貌提升为重点的农村人居环境整治，确保到2020年实现农村人居环境阶段性明显改善，村庄环境基本干净整洁有序，村民环境与健康意识普遍增强。鼓励各地立足实际、因地制宜，合理选择简便易行、长期管用的整治模式，集中攻克技术难题。建立地方为主、中央补助的政府投入机制。中央财政对农村厕所革命整村推进等给予补助，对农村人居环境整治先进县给予奖励。中央预算内投资安排专门资金支持农村人居环境整治。允许县级按规定统筹整合相关资金，集中用于农村人居环境整治。鼓励社会力量积极参与，将农村人居环境整治与发展乡村休闲旅游等有机结合。广泛开展村庄清洁行动。开展美丽宜居村庄和最美庭院创建活动。农村人居环境整治工作要同农村经济发展水平相适应、同当地文化和风土人情相协调，注重实效，防止做表面文章。<br>加强农村污染治理和生态环境保护。实施乡村绿化美化行动，建设一批森林乡村，保护古树名木，开展湿地生态效益补偿和退耕还湿。全面保护天然林。加强"三北"地区退化防护林修复。扩大退耕还林还草，稳步实施退牧还草。实施新一轮草原生态保护补助奖励政策。落实河长制、湖长制，推进农村水环境治理，严格乡村河湖水域岸线等水生态空间管理。<br>强化乡村规划引领。把加强规划管理作为乡村振兴的基础性工作，实现规划管理全覆盖。以县为单位抓紧编制或修编村庄布局规划，县级党委和政府要统筹推进乡村规划工作。按照先规划后建设的原则，通盘考虑土地利用、产业发展、居民点建设、人居环境整治、生态保护和历史文化传承，注重保持乡土风貌，编制多规合一的实用性村庄规划。加强农村建房许可管理。 |
| 2020 | 中共中央 国务院《关于抓好三农领域重点工作确保如期实现全面小康的意见》 | 提出对标全面建成小康社会加快补上农村基础设施和公共服务短板，要求扎实搞好农村人居环境整治，一是分类推进农村厕所革命，东部地区、中西部城市近郊区等有基础有条件的地区要基本完成农村户用厕所无害化改造，其他地区实事求是确定目标任务，各地要选择适宜的技术和改厕模式，先搞试点，证明切实可行后再推开。二是全面推进农村生活垃圾治理，开展就地分类、源头减量试点。梯次推进农村生活污水治理，优先解决乡镇所在地和中心村生活污水问题。三是开展农村黑臭水体整治。四是支持农民群众开展村庄清洁和绿化行动，推进"美丽家园"建设。五是鼓励有条件的地方对农村人居环境公共设施维修养护进行补助。 |
| 2021 | 中共中央 国务院《关于全面推进乡村振兴加快农业农村现代化的意见》 | 提出大力实施乡村建设运动。一是要加快推进村庄规划工作，积极有序推进"多规合一"实用性村庄规划编制，按照规划有序开展各项建设，加强村庄风貌引导，保护传统村落、传统民居和历史文化名镇名村，严格规范村庄撤并。二是加强乡村公共基础设施建设，从道路、供水、清洁能源、数字乡村、综合服务等方面提升公共服务水平。三是实施农村人居环境五年提升行动，分类有序推进农村厕所革命，加快研发干旱、寒冷地区卫生厕所适用技术和产品，加强中西部地区农村户用厕所改造。统筹农村改厕和污水、黑臭水体治理，因地制宜建设污水处理设施。健全农村生活垃圾收运处置体系，推进源头分类减量、资源化处理利用，建设一批有机废弃物综合处置利用设施。健全农村人居环境设施管护机制。有条件的地区推广城乡环卫一体化第三方治理。深入推进村庄清洁和绿化行动。开展美丽宜居村庄和美丽庭院示范创建活动。 |

### 附表1-3  我国农村人居环境相关支持政策内容重点

| 年份 | 文件名称 | 主要内容 |
|---|---|---|
| 2014 | 国务院办公厅《关于改善农村人居环境的指导意见》 | 到2020年，全国农村居民住房、饮水和出行等基本生活条件明显改善，人居环境基本实现干净、整洁、便捷，建成一批各具特色的美丽宜居村庄的目标。规划先行，合理确定整治重点，加快编制村庄规划，分类指导农村人居环境治理，稳步推进宜居乡村建设；突出重点，全力保障基本生活条件，循序渐进改善农村人居环境；创新投入方式、建立管护长效机制、强化农民主体地位和加强组织领导等方式完善机制，持续推进农村人居环境改善等。 |
| 2018 | 《农村人居环境整治三年行动方案》 | 提出农村人居环境整治的指导思想、基本原则，力争到2020年，农村人居环境明显改善，村庄环境基本干净整洁有序，村民环境与健康意识普遍增强的目标。东部地区、中西部城市近郊区等有基础、有条件的地区，人居环境质量全面提升，基本实现农村生活垃圾处置体系全覆盖，基本完成农村户用厕所无害化改造，厕所粪污基本得到处理或资源化利用，农村生活污水治理率明显提高，村容村貌显著提升，管护长效机制初步建立。中西部有较好基础、基本具备条件的地区，人居环境质量较大提升，力争实现90%左右的村庄生活垃圾得到治理，卫生厕所普及率达到85%左右，生活污水乱排乱放得到管控，村内道路通行条件明显改善。地处偏远、经济欠发达等地区，在优先保障农民基本生活条件基础上，实现人居环境干净整洁的基本要求。提出农村人居环境整治中推进农村生活垃圾治理、开展厕所粪污治理、梯次推进农村生活污水治理、提升村容村貌、加强村庄规划管理、完善建设和管护机制等重点任务。 |
| 2018 | 国家发展改革委《关于扎实推进农村人居环境整治行动的通知》 | 针对《农村人居环境整治三年行动方案》的落地，就确定整治目标、明确整治主攻方向、扎实有序实施整治行动、健全工作推进机制、切实加大投入力度、完善建管长效机制、强化监督考核激励、加强经验交流推广等方面的工作作出具体安排。 |
| 2018 | 中央农办 农业农村部《关于学习推广浙江"千村示范、万村整治"经验深入推进农村人居环境整治工作的通知》 | 学习推广浙江"千村示范、万村整治"经验，各地要以县为主体、以乡镇为依托、以村为基础，着力打造一批示范县、示范乡镇和示范村，以点带面、连线成片，分阶段、有步骤地滚动推进。全国以"百县万村示范工程"为载体，试点示范和推介一批代表不同地区、不同发展水平的典型案例。各地要将借鉴浙江经验做法与总结自身好典型结合起来，抓好本地区试点示范工作。在抓好示范村建设的同时，各地都要按照《农村人居环境整治三年行动方案》的整体部署，统筹推进。 |
| 2018 | 《农村人居环境整治村庄清洁行动方案》 | 以影响农村人居环境的突出问题为重点，动员广大农民群众，广泛参与、集中整治，着力解决村庄环境"脏乱差"问题，实现村庄内垃圾不乱堆乱放，污水乱泼乱倒现象明显减少，粪污无明显暴露，杂物堆放整齐，房前屋后干净整洁，村庄环境干净、整洁、有序，村容村貌明显提升，文明村规民约普遍形成，长效清洁机制逐步建立，村民清洁卫生文明意识普遍提高。 |
| 2018 | 中央农办 农业农村部等8部门关于印发《推进农村"厕所革命"专项行动的指导意见》的通知 | 到2020年，东部地区、中西部城市近郊区等有基础、有条件的地区，基本完成农村户用厕所无害化改造；中西部有较好基础、基本具备条件的地区，卫生厕所普及率达到85%左右；地处偏远、经济欠发达等地区，卫生厕所普及率逐步提高，实现如厕环境干净整洁的基本要求。到2022年，东部地区、中西部城市近郊区厕所粪污得到有效处理或资源化利用，管护长效机制普遍建立。地处偏远、经济欠发达等其他地区，卫生厕所普及率显著提升。科学编制改厕方案、合理选择改厕标准和模式、整体推进，开展示范建设、强化技术支撑严格质量把关、完善建设管护运行机制、同步推进厕所粪污治理等。 |

（续）

| 年份 | 文件名称 | 主要内容 |
|---|---|---|
| 2019 | 中央农办等部门《关于统筹推进村庄规划工作的意见》 | 到2020年年底，结合国土空间规划编制在县域层面基本完成村庄布局工作，有条件的村可结合实际单独编制村庄规划，做到应编尽编，实现村庄建设发展有目标、重要建设项目有安排、生态环境有管控、自然景观和文化遗产有保护、农村人居环境改善有措施。指出各地要结合乡村振兴战略规划编制实施，确定集聚提升类、城郊融合类、特色保护类、搬迁撤并类的村庄分类。 |
| 2019 | 《农村人居环境整治激励措施实施办法》 | 为落实好2019年农村人居环境整治激励措施，对全国31个省（区、市）和新疆生产建设兵团进行评价，对开展农村人居环境整治成效明显的县进行激励。中央财政在分配年度农村综合改革转移支付时，对农村人居环境整治成效明显的县予以适当倾斜支持。 |
| 2019 | 国家发展改革委办公厅等部门《关于报送农村人居环境整治专项2019年中央预算内投资建议计划的通知》 | 按照"地方为主投入、中央适当补助、整县面上推进、推动综合治理"的思路，安排中央预算内投资支持各地开展农村人居环境整治项目建设。动员各方力量、整合各种资源、强化各项举措，支持以县为单位因地制宜开展农村人居环境基础设施建设，发挥典型示范引领作用，积极推广成熟工作路径、适宜技术路线和有效建管模式，以点带面推动中央部署任务落实。 |
| 2019 | 生态环境部办公厅《关于进一步加强农业农村生态环境工作的指导意见》 | 稳步推进农村人居环境整治工作，加大农村生活污水治理力度，重点做好编规划、定标准、建机制、树样板、做推广等工作，逐步建立健全农村生活污水处理体系；推进黑臭水体治理工作，统筹规划，分阶段实施，扎实推进农村黑臭水体治理工作；加大工业固体废物违法违规转移监管和打击力度，对在农村地区违法违规倾倒、堆放垃圾的单位和个人，要依法予以处罚，形成震慑。 |
| 2019 | 财政部 农业农村部《关于开展农村"厕所革命"整村推进财政奖补工作的通知》 | 开展农村"厕所革命"整村推进财政奖补工作。中央财政安排资金，用5年左右时间，以奖补方式支持和引导各地推动有条件的农村普及卫生厕所，实现厕所粪污基本得到处理和资源化利用。通知指出以行政村为单元进行奖补，实施整村推进，整体规划设计，整体组织发动，同步实施户厕改造、公共设施配套建设，并建立健全后期管护机制，逐步覆盖具备条件的村庄，持续稳定解决农村厕所问题。中央财政对地方开展此项工作给予适当奖补。 |
| 2019 | 中央农办等部门《关于推进农村生活污水治理的指导意见》 | 重点全面摸清现状，科学编制行动方案，合理选择技术模式，促进生产生活用水循环利用，加快标准制修订，完善建设和管护机制，统筹推进农村厕所革命，推进农村黑臭水体治理等。并提出具体目标，到2020年，东部地区、中西部城市近郊区等有基础、有条件的地区，农村生活污水治理率明显提高，村庄内污水横流、乱排乱放情况基本消除，运维管护机制基本建立；中西部有较好基础、基本具备条件的地区，农村生活污水乱排乱放得到有效管控，治理初见成效；地处偏远、经济欠发达等地区，农村生活污水乱排乱放现象明显减少。 |
| 2019 | 住房和城乡建设部《关于建立健全农村生活垃圾收集、转运和处置体系的指导意见》 | 指导意见提出推动分类减量先行、优化收运处置设施布局、加强收运处置设施建设、健全运行管护制度等重点任务，并对如明确责任分工、加大资金投入、建立工作台账、加强督促落实等工作组织作出要求。提出到2020年底，东部地区以及中西部城市近郊区等有基础、有条件的地区，基本实现收运处置体系覆盖所有行政村、90%以上自然村组；中西部有较好基础、基本具备条件的地区，力争实现收运处置体系覆盖90%以上行政村及规模较大的自然村组；地处偏远、经济欠发达地区可根据实际情况确定工作目标。到2022年，收运处置体系覆盖范围进一步提高，并实现稳定运行。 |

（续）

| 年份 | 文件名称 | 主要内容 |
|---|---|---|
| 2020 | 住房和城乡建设部等部门印发《关于进一步推进生活垃圾分类工作的若干意见》 | 从生活垃圾分类收集、运输与资源化利用管理体系，引导群众形成生活垃圾分类意识，加快形成畅销运行机制以及加强组织领导等多方面提出具体措施，要求各地区针对农村自然条件、产业特点和经济实力等情况，选择适宜的农村生活垃圾处理模式和技术路线，统筹推进农村地区生活垃圾分类。 |
| 2020 | 中央农村工作领导小组办公室 农业农村部《关于通报表扬2019年全国村庄清洁行动先进县深入开展2020年村庄清洁行动的通知》 | 根据《农村人居环境整治村庄清洁行动方案》，对北京市门头沟区等106个措施有力、成效突出、群众满意的村庄清洁行动先进县予以通报表扬。通知还指出，当前新冠肺炎疫情形势依然严峻复杂，各地区要在确保疫情防控到位的前提下，统筹推进疫情防控和农村人居环境整治工作，结合本地实际，分区分级精准施策，组织开展村庄清洁行动。近期要把更多精力投向农村生活垃圾清运等领域，铲除病媒生物滋生环境，坚决防止疫情在农村扩散；要大力倡导清洁卫生、健康防病，引导农民群众养成科学卫生的健康生活方式。 |
| 2021 | 国务院《关于加快建立健全绿色低碳循环发展经济体系的指导意见》 | 提出践行绿色低碳生活理念，在人居环境建设改善方面，建立乡村建设评价体系，促进补齐乡村建设短板。加快推进农村人居环境整治，因地制宜推进农村改厕、生活垃圾处理和污水治理、村容村貌提升、乡村绿化美化等。继续做好农村清洁供暖改造、老旧危房改造，打造干净整洁有序美丽的村庄环境。 |

# 附件2　调研区域农村人居环境整治条例、政策及措施

附表2-1　吉林省农村人居环境整治相关政策梳理

| 年份 | 文件名称 | 主要内容 |
|---|---|---|
| 2018 | 《吉林省乡村振兴战略规划(2018—2022年)》 | 提出集聚提升类、城郊融合类、特色保护类和搬迁撤并类村庄的建设路径。从全面落实农村人居环境整治三年行动、推动展现关东风貌的村庄建设、加快乡村能源革命、完善乡村交通物流等服务设施配套建设和建立健全整治长效机制等方面提出了农村人居环境整治的具体路径。 |
| 2018 | 《吉林省农村人居环境整治三年行动方案》 | 提出吉林省开展农村人居环境整治三年行动的总体要求、目标任务、实施步骤、政策支持和保障措施。到2020年，90%以上的行政村生活垃圾得到治理，基本完成非正规垃圾堆放点整治任务。力争到2020年，新改造80万户农村卫生厕所。同步推进既有卫生厕所提标，改善卫生条件；全省114个重点镇和重点流域常住人口1万人以上乡镇生活污水得到治理，基本消除农村黑臭水体；自然屯通硬化路率达到80%，基本完成农村危房改造任务；基本完成县域乡村建设规划和实用性村庄规划编制或修编任务，行政村规划管理覆盖率达到80%左右。 |
| 2018 | 《关于深入推进"四好农村路"发展的实施意见》 | 到2020年，全面落实县级政府主体责任，基本形成权责清晰、共同参与的"四好农村路"发展体制机制。确保完成通乡、通村破损老旧路维修改造和贫困县(市、区)重点自然通村硬化路两个目标，如期实现全面建成小康社会交通发展目标。基本建成城乡一体化交通运输网络，形成"公路大家建、建好大家管、管好大家用"的良好格局。 |
| 2018 | 《全省农村厕所改造工作总体安排》 | 提出按照政府引导、农民自愿的原则，合理选择改厕模式，有序推进农村厕所改造，并同步实施厕所粪污治理或资源化利用。重点推进城市（含县城）近郊区、水源地保护区、污染较严重流域以及民俗旅游村改厕和粪污治理。引导农村新建住房配套建设室内水冲厕所，移民新村要同步规划建设污水处理设施和室内水冲厕所。300户以上村庄，规划建设公共厕所或村委会厕所向群众开放。同时推进既有卫生厕所提标，改善卫生条件。力争到2020年，全省新建改造80万户农村卫生厕所。 |
| 2018 | 《全省农村生活垃圾治理整县推进工作方案》 | 针对各市（州）提出农村生活垃圾治理的目标、任务、重点工作和保障措施。要求各市（州）明确管理体制和运行机制，制定农村生活垃圾治理实施方案；推进农村环卫基础设施建设；推进存量垃圾治理；完善农村生活垃圾治理技术标准建设；同时，为保证各市（州）农村生活垃圾治理效果，开展省级农村生活垃圾治理验收和考核。 |
| 2019 | 《关于进一步完善农村群众参与机制高质量推进人居环境整治工作的指导意见》 | 为切实发挥村民在农村人居环境整治中的主体作用，从强化党建引领、自治基础作用、法治保障作用、德治支撑作用和社会力量协同作用等方面推动建立农村人居环境整治多元参与机制。并提出加强组织领导、广泛宣传发动、完善激励措施级开展评比创建等多项具体措施。 |
| 2019 | 《吉林省农业农村污染治理攻坚战行动方案》 | 提出大力推动乡村绿色发展，农村生态环境明显好转，农业农村污染治理工作体制机制基本形成，农业农村环境监管明显加强。到2020年，实现"一保两治三减四提升"："一保"，即保护农村饮用水水源，农村饮水安全更有保障；"两治"，即治理农村生活垃圾和污水，实现村庄环境干净整洁有序；"三减"，即减少化肥、农药使用量和农业用水定额；"四提升"，即提升主要由农业面源污染造成的超标水体水质、农业废弃物综合利用率、环境监管能力和农村居民参与积极性。 |
| 2020 | 《关于抓好"三农"领域重点工作确保如期实现全面小康的实施意见》 | 提出加快补上农村基础设施和公共服务短板，要求抓好"四好农村路"建设，切实发挥县级政府的主体作用，进一步把农村公路建好、管好、护好、运营好，同时扎实推进农村人居环境整治、治理农村生态环境突出问题。 |

附表2-2　浙江省农村人居环境整治相关政策梳理

| 年份 | 文件名称 | 主要内容 |
|---|---|---|
| 2018 | 《浙江省高水平推进农村人居环境提升三年行动方案（2018—2020年）》 | 提出系统提升农村生态环境保护、全域提升农村基础设施建设、深化提升美丽乡村建设、整体提升村落保护利用、统筹提升城乡环境融合发展五项重点提升任务。力争到2020年，率先实现生态保护系统化、环境治理全域化、村容村貌品质化、城乡区域一体化，率先构建生产生活生态融合、人与自然和谐共生、自然人文相得益彰的美丽宜居乡村建设新格局，率先建立农村人居环境建设治理体系，实现治理能力现代化。 |
| 2018 | 《浙江省农村公厕建设改造和管理服务规范》 | 提出农村公厕改造的基本规定、建设要求、改造要求、管理和服务要求和农村公厕改造内容判定确认表等具体规范，以深入推进农村厕所改造行动。 |
| 2018 | 《关于高标准打好污染防治攻坚战高质量建设美丽浙江的意见》 | 提出深化"千村示范、万村整治"工程，深入推进农村厕所革命、污水革命、垃圾革命，彻底消除脏乱差现象，根治污泥浊水。持续开展农村人居环境整治行动，实现全省农村人居环境质量全面提升。全面推进农村生活污水治理设施建设，建立健全农村生活污水治理长效机制。到2020年，实现全省农村卫生厕所全覆盖，生活污水治理行政村覆盖率达到90%，日处理能力30吨以上的农村生活污水处理设施基本实现标准化运维。加强畜禽养殖业污染控制，全面推进排泄物定点定量定时农牧对接、生态消纳或工业化处理达标排放。到2020年，力争畜禽排泄物资源化利用率达到90%以上。精准推进化肥农药减量增效，实现化学农药使用量零增长、化肥使用量稳中有降。加快水产养殖绿色发展，全面推进水产养殖尾水生态化治理，制定实施养殖水域滩涂规划，依法落实管控措施。 |
| 2019 | 《浙江省农村生活污水处理设施管理条例》 | 提出农村生活污水治理实行统筹规划、源头治理、政府主导、全民参与原则，实现建设规范、设施完好、管理有序、水质达标的目标。规定各级管理部门在农村生活污水治理中的责任。 |
| 2020 | 《关于加快发展美丽乡村夜经济的指导意见》 | 为进一步促进乡村休闲旅游业发展，更大程度拓展"绿水青山就是金山银山"转化通道。立足浙江特有的山水资源、多样的地形地貌、深厚的人文底蕴、良好的生态环境、遍布的美丽乡村、发达的交通体系，推进乡村特色产业与餐饮服务、商贸流通、文化创意、节庆会展等融合发展，加快把美丽乡村夜经济规模做大、特色做精、品牌做强，让乡村夜经济成为"两山"转化新通道，为构建新发展格局贡献"三农"力量。 |
| 2020 | 《浙江省生活垃圾管理条例》 | 针对省、市、县、乡、村各部门制定具体的生活垃圾分类职责，进一步做好生活垃圾源头减量和分类投放的宣传、引导工作，组织、动员、督促村（居）民开展生活垃圾源头减量和分类投放工作。 |

附表2-3 安徽省农村人居环境整治相关政策梳理

| 年份 | 文件名称 | 主要内容 |
| --- | --- | --- |
| 2017 | 《安徽省环境保护条例(2017修订)》 | 提出各级人民政府应当加强农村环境保护设施建设、环境污染治理和农业生态环境的保护,改善农村生产、生活环境。县级人民政府应组织编制县域农村生活垃圾处理专项规划,完善农村生活垃圾收运处理设施,组建环卫保洁队伍,建立农村生活垃圾治理长效机制。乡镇人民政府应当在农村集中居民点设置专门设施,集中收集、清运垃圾等生活废弃物,因地制宜开展农村污水治理。农村垃圾等生活废弃物的处置主体按照省有关规定执行。 |
| 2017 | 《一体化推进农村垃圾污水厕所专项整治加快改善农村人居环境实施方案》 | 明确到2020年:全省农村垃圾得到有效治理,生活垃圾无害化处理率达到70%以上,规模化畜禽养殖场(小区)配套建设粪污处理设施比例力争达到80%,农作物秸秆综合利用率达到90%,农膜回收率达到80%,农村地区工业危险废物无害化利用处置率达到95%。所有乡镇政府驻地和美丽乡村中心村的生活污水治理设施全覆盖。完成自然村240万常住农户卫生厕所改造,有效解决农村环境脏乱差问题,努力打造天蓝、地绿、水净的宜居环境。并对农村垃圾污水厕所专项整治"三大革命"进行部署。 |
| 2018 | 《安徽省农村人居环境整治三年行动实施方案》 | 提出统筹城乡发展,统筹生产生活生态,以农村垃圾、污水治理和村容村貌提升为主攻方向,加快补齐农村人居环境突出"短板",建设好生态宜居的美丽乡村,为决胜全面建成小康社会、全面建设现代化五大发展美好安徽打下坚实基础。 |
| 2018 | 《关于做好农村环境突出问题整改的通知》 | 坚持问题导向,切实加强问题整改;进一步完善农村生活垃圾收运设施,健全长效机制,一是完善收运设施,二是加强宣传引导,三是强化日常保洁,四是开展监督考核。加快农村生活污水处理设施建设,提高污水治理率,一是加快乡镇驻地生活污水处理设施建设,二是结合美丽乡村建设,同步推进中心村生活污水治理,三是开展农村改厕及粪污治理,到2020年,完成全省210万户农村自然村改厕,四是建立健全农村污水治理长效运行机制。 |
| 2018 | 《2018年村镇规划建设工作要点》 | 要求各村、镇紧紧围绕乡村振兴战略,全力推进农村人居环境整治三年行动:一是稳步实施农村厕所改造;二是加快乡镇污水治理步伐,完成200个乡镇政府驻地污水处理设施建设;三是推进农村生活垃圾治理,健全垃圾收集、转运、处理体系,农村生活垃圾无害化处理率达60%,完成109个非正规垃圾堆放点整治;四是整体推动村容村貌提升;五是深入开展传统村落保护发展。进一步完善传统村落保护政策措施,提升传统村落可持续发展能力。 |
| 2018 | 《关于加强乡镇政府驻地生活污水处理设施建设运行管理工作的通知》 | 提出各地要综合考虑集镇规模和发展规划、原有设施状况、人口集聚程度、管线敷设状况及自然条件等多种因素,按照"因地制宜、区域统筹、经济适用、易于维护"的原则,科学选择处理模式。各县(市、区)进一步落实乡镇政府驻地生活污水处理设施建设主体责任,整合相关资金,加大财政投入,广泛吸纳社会力量参与。乡镇污水处理设施宜采用县(市、区)域统一运行的方式,统筹管理、生产、物资及人员的配置。明确乡镇政府驻地生活污水处理设施行业监管及环境监测部门职责,制定运行维护管理办法,指导、督促、协调乡镇做好日常维护管理工作。 |
| 2019 | 《安徽省农村人居环境整治村庄清洁行动方案》 | 提出以"清洁村庄助力乡村振兴"为主题,以影响农村人居环境的突出问题为重点,动员广大农民群众,广泛参与、集中整治,着力解决村庄环境"脏乱差"问题,实现村庄内垃圾不乱堆乱放,污水乱泼乱倒现象明显减少,粪污无明显暴露,杂物堆放整齐,房前屋后干净整洁,村庄环境干净、整洁、有序,村容村貌明显提升,文明村规民约普遍形成,长效清洁机制逐步建立,村民清洁卫生文明意识普遍提高。 |

（续）

| 年份 | 文件名称 | 主要内容 |
| --- | --- | --- |
| 2019 | 《巢湖流域水污染防治条例(2019修订)》 | 针对巢湖流域的县（市、区）提出具体防治措施。巢湖周边县级以上人民政府及其有关部门应当加强农村环境综合整治，建设农村生活垃圾、污水的收集和处理设施，推进农村垃圾就地分类、资源化利用和处理，建立农村有机废弃物收集、转化、利用网络体系。 |
| 2020 | 《安徽省2020年全面推进农村人居环境整治工作要点》 | 从组织领导、部门职责、群众参与、投入机制、考核监督、宣传激励六个方面提出保障措施，以重点推进"三大革命""三大行动"，细化30条具体举措，要求坚决按时保质完成各项目标任务，打好农村人居环境整治三年行动收官战。 |
| 2020 | 《关于做好2020年度农村生活垃圾治理重点工作的通知》 | 从加强乡镇生活垃圾转运站运行管理，完善农村生活垃圾收集、转运和处置体系，全面完成非正规垃圾堆放点规范整治任务，建立农村生活垃圾治理常态化管理机制等四个方面提出农村生活垃圾治理重点推进工作。 |

附表2-4　山东省农村人居环境整治相关政策梳理

| 年份 | 文件名称 | 主要内容 |
|---|---|---|
| 2018 | 《山东省农村人居环境整治三年行动实施方案》 | 提出农村人居环境整治重点任务：一是推进农村垃圾综合治理，到2020年95%以上的村庄实现农村生活垃圾无害化处理；二是加快推进农村"厕所革命"，到2020年，全部乡镇内300户以上自然村基本完成农村公共厕所无害化建设改造；三是积极推进农村生活污水治理，到2020年，50%以上的村庄对生活污水进行处理，其中农村生活污水治理示范县80%以上的村庄对生活污水进行处理；农村新型社区基本实现污水收集处理；四是全面改善村容村貌，到2020年，30%以上的村庄建成美丽乡村，培育2 000个特色风貌示范村；五是加强村庄规划管理，2018年，全省县域乡村建设规划实现全覆盖，2 000个省扶贫工作重点村编制完成村庄规划；到2020年，全省村庄规划覆盖率达到100%。六是完善建设和管护机制，明确各级党委和政府以及有关部门、运行管理单位责任，明确运行资金来源，稳定运行队伍，建立日常管理制度，初步构建起有制度、有标准、有队伍、有经费、有督查的村庄人居环境管护长效机制。 |
| 2018 | 《山东省打好农业农村污染治理攻坚战作战方案(2018—2020年)》 | 提出基本实现农村生活垃圾收运处置、无害化卫生厕所改造全覆盖，生活污水治理梯次推进，村容村貌明显改观，村庄环境干净整洁有序，全省农村人居环境明显改善，彰显实施乡村振兴战略的重要阶段性成效。 |
| 2018 | 《山东省美丽村居建设"四一三"行动推进方案》 | 提出集中打造胶东、鲁中、鲁西南、鲁西北4大风貌区，布局建设胶东海滨、沂蒙山区、黄河沿岸、大运河沿岸、青兰－京沪高速沿线、日兰高速沿线、京沪高铁－京台高速沿线、滨莱－京沪高速沿线、荣乌－长深高速沿线、青银－荣潍－沈海高速沿线等10条风貌带，培育300个地域文化鲜明、建筑风格多样、田园风光优美的美丽村居建设省级试点，着力彰显"鲁派民居"新范式，统筹推进生产美产业强、生态美环境优、生活美家园好"三生三美"乡村发展，为加快全省新旧动能转换、全面开创新时代现代化强省建设新局面提供有力支撑。 |
| 2019 | 《山东省农村生活污水治理行动方案》 | 按照"因地制宜、注重实效，突出重点、梯次推进，政府主导、社会参与，生态为本、绿色发展"的原则，对全省行政村进行生活污水治理。到2020年，全省30%以上的行政村完成生活污水治理任务，村庄内污水横流、乱排乱倒情况基本消除，运维管护机制基本建立，到2022年，全省50%以上的行政村完成生活污水治理任务；到2025年，全省90%以上的行政村完成生活污水治理任务。 |
| 2019 | 《关于深入推进涉农资金统筹整合扎实开展乡村振兴齐鲁样板示范区创建工作的通知》 | 提出坚持政府主导，农民主体，社会参与；坚持规划引领，连片打造；坚持统筹协调，重点突破的基本原则，力争到2022年，创建省级示范区100个、市级示范区200个、县级示范区300个。并提出实施乡村产业发展"双提升"行动、农村环境治理"双提升"行动、村级组织发展"双提升"行动、农民技能收入"双提升"行动、乡村文化旅游"双提升"行动和农村改革"双提升"行动。 |
| 2020 | 《关于进一步做好重点项目推进工作的通知》 | 认真贯彻习近平总书记关于改善农村人居环境的重要指示批示精神，全面落实省委、省政府决策部署，以建设美丽宜居村庄为目标，以农村垃圾污水治理、"厕所革命"、改厕粪污资源化利用、村容村貌提升为主攻方向，以整县推进为载体，统筹规划，整合资金资源，充分利用政府专项债券等多种形式，多渠道投入，补强弱项，探索建立农村人居环境整治新机制、新模式、新路径。 |
| 2021 | 《关于全面推进乡村振兴加快农业农村现代化的实施意见》 | 提出大力实施乡村建设行动，加快推进村庄规划工作。2021年基本完成县级国土空间规划编制，明确村庄布局分类。推动各类规划在村域层面实现"多规合一"，有条件、有需求的村庄做到规划应编尽编，实现规划管理全覆盖。深化农村人居环境整治。实施农村人居环境整治提升五年行动，启动整县推进综合试点，研究制定奖励激励办法。 |
| 2021 | 《山东省农村黑臭水体治理行动方案》 | 提出按照"示范带动、分类施治、经济适用、村民参与"的原则，对全省所有行政村村民主要集聚区适当向外延伸1 000米区域内的黑臭水体，以及村民反映强烈的黑臭水体，利用3年时间，到2023年完成现有1 398处农村黑臭水体治理工程。 |

附表2-5　贵州省农村人居环境整治相关政策梳理

| 年份 | 文件名称 | 主要内容 |
|---|---|---|
| 2017 | 《贵州省传统村落保护和发展条例》 | 提出坚持保护优先、突出特色、科学规划、活态传承、合理利用，政府主导、村民自治、社会参与的原则，并规定各级人民政府、村集体及个人在传统村落保护中的作用。 |
| 2017 | 贵州省人民政府《整体改善农村人居环境全面加快"四在农家·美丽乡村"建设的实施意见》 | 要把改善农村人居环境与就地就近城镇化紧密结合，推动基础设施和公共服务从小城镇向乡村延伸，让百姓享受更多的发展红利；要大力实施改善农村人居环境"10＋N"行动计划，推动美丽乡村从"一片美"向"整体美"、从"外在美"向"内在美"、从"环境美"向"发展美"、从"一时美"向"持久美"提质转型；到2020年，全省形成点线面结合、宜居宜业宜游的美丽乡村新格局。 |
| 2017 | 《贵州省农村"组组通"公路三年大决战实施方案（2017—2019年)》 | 提出以"交通进村入户、助推精准脱贫"为统揽，突出"科学评估、加快建设、确保质量、强化管养、力量整合"五个重点，抓住"政策设计、工作部署、干部培训、监督检查、激励问责"五个关键，建立完善布局合理、标准适宜、出入便捷的通组公路体系。2017—2019年，共投资388亿元，对39 110个30户以上具备条件的村民组实施9.7万千米通组公路硬化建设。 |
| 2018 | 省政府办公厅印发《贵州省城镇生活垃圾无害化处理设施建设三年行动方案（2018—2020年)》 | 提出合理规划建设生活垃圾无害化处理设施，用3年时间，全省新增生活垃圾无害化处理设施能力3 410吨/日。对于较为偏远的城镇，可因地制宜地选择符合环保要求的小型生活垃圾处理设施，实现就近处理。在推进城镇生活垃圾无害化处理设施建设中，统筹考虑农村生活垃圾处理需求，实现"户分类、村收集、镇转运、县处理"。鼓励各地通过新建焚烧发电、综合处理等生活垃圾处理设施减少原生垃圾填埋，延长原有卫生填埋场使用年限。 |
| 2018 | 贵州省人民政府办公厅《关于扎实推进农村老旧住房透风漏雨专项整治的通知》 | 提出按照"省级指导、市州统筹、县级主责"的原则，以房屋"顶不漏雨、壁不透风、门窗完好"为整治目标，用3年时间开展农村老旧住房透风漏雨专项整治，全面消除我省农村老旧住房透风漏雨现象，切实保障农村困难群众住房基本条件，提升农村住房宜居性。 |
| 2018 | 《贵州省推进"厕所革命"三年行动计划（2018—2020年)》 | 提出按照"全方位覆盖、彻底性革命"的基本思路，通过政策引导、部门联动、标准规范、分类指导、调度考核等方式，到2020年，建设改造173万户农村户用卫生厕所，力争实现农村户用卫生厕所普及率达到85%、行政村公共厕所全覆盖。 |
| 2019 | 《贵州省生态环境保护条例》 | 具体规定县级以上人民政府应当推进乡村绿色发展，改善农村人居环境的职责。应当加强农村环境监督管理能力建设，推进农村环境综合整治。加强农村水环境治理和农村饮用水水源保护，实施农村生态清洁小流域建设，组织农村生活废弃物的处置工作，加强农村生活垃圾的收集、转运和集中处置。 |
| 2019 | 贵州省旅游发展和改革领导小组办公室《关于大力发展乡村旅游的实施意见》 | 提出围绕美丽乡村建设，到2022年，每个县创建省级美丽乡村5家以上、美丽田园10家以上、美丽人家100家以上；列入全国乡村旅游重点村40个以上，省级乡村旅游重点村200个以上，乡村民宿达2 000家以上，力争每个县创建1个以上乡村旅游类型的4A级旅游景区，有条件的乡镇创建1个乡村旅游类型的3A级旅游景区，打造一批环5A级景区，环市州所在地中心城市、沿高速公路、沿高速铁路、沿江河湖泊乡村旅游休闲度假带和沿省边界乡村旅游休闲度假基地，乡村旅游接待人次和收入年均增长16%左右，乡村旅游收入占全省旅游总收入比重达25%左右。 |
| 2020 | 贵州省人民政府办公厅《关于推动高质量发展对真抓实干成效明显地方加大激励支持力度的通知》 | 对开展农村人居环境整治、乡镇生活污水处理设施和村镇生活垃圾收运处置体系建设、传统村落保护发展成效明显的市（州），在分配中央和省农村人居环境整治财政资金、省级村镇建设专项资金、省级传统村落保护发展专项扶持资金时予以适当倾斜。 |

附表2-6　甘肃省农村人居环境整治相关政策梳理

| 年份 | 文件名称 | 主要内容 |
|---|---|---|
| 2017 | 《甘肃省农村生活垃圾管理条例》 | 提出农村生活垃圾管理坚持政府主导、公众参与、因地制宜、注重长效、综合利用、统筹推进的原则，并针对不同主管部门提出了农村生活案例集清扫、分类、投放、收集、运输、处理和监督管理的相关管理举措。 |
| 2018 | 《关于加快乡村旅游发展的意见》 | 农旅融合，互动发展。坚持"农旅结合、以农促旅、以旅强农"方针，立足提升农民生活品质和改善人居环境，用建设景区的理念来建设农村，用经营农业的思路来发展旅游，推动农村一二三产业实现深度融合、互动发展。 |
| 2018 | 《关于实施乡村振兴战略的若干意见》 | 坚持因村因户精准施策。加快推进贫困村整体提升工程，继续实施整村推进、连片开发，以"一村一品"为目标，发展主导产业和富民增收项目，以改善生产生活条件为目标，加快实施路、水、电、网、卫生、教育等基础设施项目，着力改善贫困村人居环境和整体面貌，培育壮大集体经济，增加群众获得感。集中整治农村人居环境。以建设美丽宜居村庄为导向，以农村垃圾、生活污水治理和村容村貌为重点，开展农村人居环境综合整治。制定全省农村人居环境整治三年行动计划，创新投资方式，推进乡村山水林田路房整体改善，持续推进美丽乡村建设，进一步深化建设内涵、提高建设标准、健全管护机制、搞好经营开发。扎实推进全域无垃圾三年专项治理行动，集中解决农村道路难行、院落破旧、垃圾乱堆、人畜混居等突出问题。启动"厕所革命"三年计划，开展农村改厕、改水、改灶、改暖、改圈等专项整治，采取城乡统筹、打包打捆等办法，有条件的地方引进专业环保公司参与治理。开展乡村公益设施村民共管共享，实现村民自治与管护相结合。强化新建农房规划管控，加强"空心村"服务管理和改造。 |
| 2018 | 《助力脱贫攻坚加快自然村组道路建设实施方案（2018—2020年)》 | 2018—2020年，对"两州一县"和18个深度贫困县30户以上的20 102个自然村组、其他县市区50户以上的13 268个自然村组，共33 370个自然村组8.04万千米道路及主巷道实施硬化。到2020年，实现全省70%的自然村组通硬化路，惠及全省近90%的农村人口。 |
| 2018 | 中共甘肃省委办公厅、甘肃省人民政府办公厅关于印发《甘肃省农村人居环境整治三年行动实施方案》的通知 | 提出甘肃省农村人居环境整治的总体要求和重要任务，力争到2020年，全省乡镇生活垃圾收集转运处理设施实现100%全覆盖，90%以上的村庄生活垃圾得到有效治理，乡镇、建制村公厕覆盖率达到100%，农村卫生厕所普及率达到70%，农村生活污水治理率明显提高，实现全省农村人居环境明显改善，所有村庄环境干净整洁有序，村民环境与健康意识普遍增强。并针对不同区域提出了不同的验收时间。 |
| 2019 | 《甘肃省环境保护条例(2019)》 | 县（市、区）、乡（镇）人民政府应当采取集中连片与分散治理相结合的方式，开展农村环境综合整治，推进农村厕所粪污治理、生活污水处理和生活垃圾处置等基础设施建设，保护和改善农村人居环境，实现村庄环境干净、整洁、有序。 |
| 2019 | 《废旧农膜回收利用与尾菜处理利用行动方案》 | 制定了废旧农膜回收利用与尾菜处理利用行动方案，提出到2020年全省废旧农膜回收率达到80%以上、尾菜处理利用率达到40%以上。 |
| 2020 | 甘肃省人民政府办公厅关于印发《甘肃省城乡环境整治专项行动方案》的通知 | 以习近平新时代中国特色社会主义思想为指导，全面贯彻党的十九大和十九届二中、三中、四中全会精神，深入贯彻落实习近平总书记对甘肃重要讲话和指示精神，围绕统筹推进"五位一体"总体布局、协调推进"四个全面"战略布局，坚持"绿水青山就是金山银山"的发展理念，结合农村人居环境整治、全域无垃圾专项治理、河湖"清四乱"等活动，以整治生活垃圾乱扔乱倒、柴草杂物乱堆乱放、线缆和广告牌匾乱拉乱挂、房墙棚圈乱搭乱建、公共空间和道路乱挤乱占、生活污水乱排乱流、河道砂石乱挖乱采等为主要内容，通过全面排查、集中整治、巩固提升，开展城乡环境整治专项行动（以下简称"专项行动"），实现城乡环境干净、整洁、有序、美观，显著提升社会文明程度。 |

# 附件3 发达国家农村人居环境整治相关法律梳理

附表3-1 日本农村人居环境整治相关法律梳理

| 年份 | 名称 | 部门 | 主要内容 |
|---|---|---|---|
| 1958 | 《下水道法》 | 日本政府 | 废除于1900年制定的旧版《下水道法》，新版将下水道的建设目的提升为"城市的健康发展"和"提高公共卫生水平"。由于在经济快速发展过程中出现了以"水俣病"为首的多种公害事件，政府将下水道法增加了"保护公共水域水质"等条目。 |
| 1960 | 《净化槽人使用人员计算方法》（JISA3302） | 建设省 | 首次对处理厕所污水的单独式净化槽的建设和管护标准进行界定。 |
| 1969 | 《净化槽构造标准》 | 建设省 | 公布了全国统一的净化槽构造标准，对净化槽的处理性能、构造等做出了详细的规定。 |
| 1980 | 《净化槽构造标准》（修订） | 建设省 | 增补51人槽以上的合并式净化槽的构造标准。 |
| 1985 | 《净化槽法》 | 日本政府 | 对分散污水治理进行全面规定，明确了与净化槽产业有关个人和企业的义务和责任，建立了净化槽技术人员的资格认定制度，制定了净化槽国家资格－净化槽管理士和净化槽安装士。 |
| 1994 | 《净化槽安装建设事业制度》 | 厚生省 | 创立了政府对个人安装的家用小型净化槽的补助金制度。对于个人安装型净化槽，个人负担60%，其余的40%由地方负担2/3，国家补助1/3。 |
| 1988 | 《净化槽构造标准》（再次修订） | 建设省 | 增补了5人槽到10人槽的合并式净化槽构造标准。从此净化槽不仅用来处理楼房等中大规模的生活污水，而且更多地用于一家独户的家庭污水处理。 |
| 1994 | 《市町村净化槽建设推进事业制度》 | 厚生省 | 创立了中央政府对地方政府实施的安装家用小型净化槽的补助金制度。对于市町村安装型净化槽，个人负担10%，地方负担60%，国家补助30%。 |
| 2000 | 《净化槽法》（修订） | 日本政府 | 单独式净化槽从净化槽法的定义上被删除，之后在新建房安装净化槽时，只能安装合并式净化槽，同时单独式净化槽的生产也被禁止。 |
| 2000 | 《推进形成回收型社会基本法》 | 日本政府 | 《推进形成回收型社会基本法》当中包括有7个具体法律：《废物管理和公共清洁法》《促进资源有效利用法》《容器和包再回收法》《家电再回收法》《建筑工程材料再资源化法》《食品再利用回收法》《促进绿色购买发达的节能环保科技法》，这些法律法规为日本生活垃圾分类、收集、处理等方面提供了有力保障。 |

附表3-2  美国农村人居环境整治相关法律梳理

| 年份 | 名称 | 部门 | 主要内容 |
|---|---|---|---|
| 1967 | 《固体废物处理法》 | 联邦政府 | 主要作用在于全国控制固体废物对美国土地的污染，保护公众健康及环境，合理地回收利用废弃物。环保局负责从有害废弃物的排出到最终处理的所有阶段的监督与管理，并在该法中规定，当发现有害废弃物即将对健康与环境造成"紧迫且重大"的危险时，环保局有权采取紧急应急措施。具体每一项措施由执行处及遵守规章监视处负责具体实施。执行处具体负责应用刑事执行程序和民事执行程序，对环境违法、犯罪案件进行侦查和起诉。执行处的形式特别侦查官负责所有的环境刑事犯罪案件。 |
| 1969 | 《国家环境政策法》 | 联邦政府 | 该法规建立了环境质量委员会并确立了许多很高的国家环境保护目标。法规中还包括了联邦政府的宗旨：每一代人所履行的职责都是为下一代人做好环境的代理；确保全体美国公民享有一个安全的、健康的、有生产力的、美丽的和有文化内涵的 愉悦环境；在不导致环境衰退、健康和安全风险或其他不希望的后果的前提下，实现利用环境 资源利益的最大化。 |
| 1972 | 《清洁水法》 | 联邦政府 | 创建了水许可证制度，要求任何排放污染物到水体中的行为必须获得许可。1977年修正后，把水污染控制的重点从仅控制常规污染物（$BOD_5$、TSS、pH等）扩展到同时也要求控制有毒污染物，有毒污染 物的种类从最初的65个扩充到后来的126个。1987年，《清洁水法》修正案通过，形成《水体质量法》，确定了各州需要达到的水体质量目标。 |
| 1974 | 《安全饮用水法》 | 美国国会 | 其目的是通过对美国公共饮用水供水系统的规范管理，以确保公众的健康。该法律于1986年和1996年进行修改，要求采取多种行动来保护饮用水及其水源。该法案授权美国环保署建立基于保证人体健康的国家饮用水标准以防止饮用水中的自然的和人为的污染。美国环保署、各州和供水系统共同努力以确保饮用水符合标准。 |
| 1976 | 《资源保护与回收法》 | 美国国会 | 《资源保护与回收法》奠定了美国固体废物的基础，首次对危险废物管理作了详细规定，并通过建立"从摇篮到坟墓"的管理体系来进行管理。 |
| 1980 | 《综合环境反应、补偿和责任法》（超级基金法） | 美国国会 | 该法案对事后造成环境事故和污染的主要负责方和相应责任做出了明确规定，并给出了详细的治理行动、治理计划、治理责任、治理费用和其他治理要求，建立了完备的有害废物反应机制、环境损害责任体制等，已经成为美国环境污染民事诉讼的有力武器。依据该法案，建立主要经费来自石油、化学行业税款、拨款、罚款及其他投资收入等的超级基金，并针对可能对人体健康和环境造成重大损害的场地，建立"国家优先名录"，每年更新2次。同时，规定对于特定的场地污染责任人具有无限期的追溯权力，对找不到责任者或责任者没有修复能力的，则由超级基金来支付污染场地修复费用。 |
| 1987 | 《水质量法案》 | 美国国会 | 法案规定联邦政府要为支持污水处理工程建设提供更多的财政支持，鼓励地方政府在国家环保署的协助下，根据地方具体条件和地貌状况试用各种不同的分散处理系统。 |
| 1990 | 《污染预防法》 | 美国国会 | 首次以立法的方式肯定了以预防污染取代长期采用的末端治理为主的污染控制政策。 |

附表3-3　德国农村人居环境整治相关法律梳理

| 年份 | 名称 | 部门 | 主要内容 |
|---|---|---|---|
| 1954 | 《土地整治法》 | 德国政府 | 农民个人、行业协会、管理部门都可以申请对自有土地开展土地整治。项目前期由涉地农民、农民保护协会、政府管理人员组成土地整治委员会。土地整治委员会组织土地权益人进行广泛的沟通、座谈，开展项目初期可行性研究探讨。按照各州土地整治具体实施办法，形成以满足土地权益人需求为主要目的的项目可行性研究报告。 |
| 1969 | 《"改善农业结构和海岸保护"共同任务法》 | 德国政府 | 通过补贴、贷款、担保等方式支持乡村基础设施建设，保护乡村景观和自然环境。 |
| 1972 | 《废物处理法》 | 德国政府 | 该法规是德国发展循环经济和垃圾处理方面的纲领性法规，其确定了垃圾处理中的一些原则，例如污染者付费原则；垃圾也是一种资源，只有在现有技术等条件下，无法再次循环利用时才可以废弃；垃圾处理的范围包括废油、包装废弃物、电池、报废汽车以及电子垃圾等。 |
| 1987 | 《建筑法典》 | 德国政府 | 由《联邦建筑法》与《城市建设促进法》合并调整，明确规定在规划编制的过程中，公民有权参与整个过程并提出意见、建议及诉求。 |
| 1991 | 《包装废弃物处理法》 | 德国政府 | 该法规定制造者必须负责回收包装材料或委托专业公司回收，实现了包装材料上所附的义务不随商品流转而转移的目标，从法律上确保了包装材料的充分回收利用。 |
| 1994 | 《循环经济及废弃物法》 | 德国政府 | 该法案明确了废弃物管理政策方面的新措施，其中心思想就是系统地将资源闭路循环的循环经济思想理念，从包装推广到所有的生产部门，促使更多的物质资料保持在生产圈内。此外，该法规明确了当事方各自应承担的责任，要求生产商、销售商以及个人消费者，从一开始就要考虑废弃物的再生利用问题。在生产和消费的初始阶段不仅要注重产品的用途和适用性，而且还要考虑该产品在其生命周期终结时将发生的问题。 |

附表3-4　法国农村人居环境整治相关法律梳理

| 年份 | 名称 | 部门 | 主要内容 |
|------|------|------|----------|
| 1960 | 《国家公园法》 | 法国政府 | 首次提出了爱护生态环境、人与自然环境和平相处的发展理念。 |
| 1983 | 《市镇联合发展与规划宪章》 | 法国政府 | 取代了之前的《乡村整治规划》，成为法国乡村发展规划的综合性文件。涵盖物质空间、农业、经济、生态、文化等多方面的综合政策，其中也包括对乡村环境的保护。 |
| 1992 | 《水资源和水污染治理法》 | 法国政府 | 该法案包括水资源权属、水资源管理和保护、水利工程、保护区和保护地、水资源管理制度、水资源开发机构、水资源经济和财政运作等内容。 |
| 2000 | 《环境法》 | 法国政府 | 《环境法》全面涵盖物理环境，自然空间，自然遗产，污染、风险和损害的防治等多项内容。 |
| 2005 | 《环境宪章》 | 法国政府 | 《环境宪章》将环境问题置于国家法律最高等级，成为世界上第一个通过宪法保护公民环境权的国家。该宪章将环境利益上升到国家根本利益的高度，对生态保护和可持续发展做了宪法性解释和说明，明确规定：公民享受健康环境的权利和保护环境的义务神圣不可侵犯。 |
| 2010 | 《农业指导法》 | 法国政府 | 要求获取欧盟直接补贴的农民必须尊重农村生态环境保护法律的要求；如不符合文件要求，政府可以采取惩罚措施，严重的也可直接取消补贴；对边远山区或是条件恶劣的乡村，在农民遵守环境支付方面法律前提下，政府为农民提供更高的农作物成本及收入损失补贴。 |
| 2010 | 《2010—2015年法国农村发展实施条例》 | 法国政府 | 强化土地整理来改善农村、农业生态环境，推动特色旅游，积极保护农耕文化等多项措施。 |

附表3-5　韩国农村人居环境整治相关法律梳理

| 年份 | 名称 | 部门 | 主要内容 |
|---|---|---|---|
| 1986 | 《废弃物管理法》 | 韩国政府 | 该法明确了涵盖农业生产、生活废弃物在内的废弃物妥善处理制度，以及废弃物处理费用的分担机制。 |
| 1990 | 《环境政策基本法》 | 韩国政府 | 该法是所有环境法的基本法，提出了国家环境保护政策的基本理念和方向，规定了有关环境的基本政策。环境政策基本法的性质不是控制法和执行法而是政策法，该法对于有关环境个别部门法具有宪法的地位。 |
| 1991 | 《有关污水、粪尿及畜产废水处理法律》 | 韩国政府 | 该法明确了污水、粪尿及畜产废水等的处理标准、排放标准等，并将污水处理上升至法律层面。 |
| 1992 | 《关于节约资源及促进再活用的法律》 | 韩国政府 | 该法对节约资源及可回收资源再利用方面进行了相关界定，涵盖农业可回收利用的方式、技术、主体等方面。 |
| 1995 | 《中小农高品质农产品生产支援事业》 | 韩国政府 | 明确农民主体地位，以补助的形式开始支援实践亲环境农村的农民。 |
| 1997 | 《环境农业培育法》 | 韩国政府 | 该法经过多次修订，2001年修改为《亲环境农业培育法》，2009年修改为《亲环境农业促进法》，为促进亲环境农业发展奠定了制度基础。该法案明确了环境友好农业的法律地位以及政府、农民和民间团体应履行的责任，环境友好型农业得到大力推广。 |
| 2000 | 《亲环境农业培育5年计划(2001—2005)》 | 韩国政府 | 该计划以农业与环境协调、可持续发展为理念，提出两大基本目标：第一，通过确立适宜于区域条件、农民经营规模、农作物特点的亲环境农业体系，提高农民收入，生产高质量安全农产品。第二，通过确立农产、畜产、林产相联系的自然循环农业体系，保护农业环境，增进农业的多元性公益职能。同时，为实现上述基本目标提出8大促进课题：(1)建立亲环境农业发展基础；(2)开发亲环境农业技术；(3)迅速普及亲环境农业实践技术；(4)促进综合性农地培养及畜产粪尿资源化；(5)支援亲环境农业培育；(6)搞活亲环境农产品流通；(7)强化国际协作；(8)改善山林环境。 |
| 2008 | 《韩国环境教育振兴法》 | 韩国政府 | 该法要求国家每5年制定一次环境教育的综合计划，其内容主要包括环境教育的目的及方向、专业人才培养、基础设施建设、资金筹集、加强宣传教育以及普及环境保护的法律知识等事项。 |

下 篇 ｜ XIAPIAN

项 目 案 例 集

下篇　项目案例集

# 一、调研工作与资料收集

2018年2月，中共中央办公厅、国务院办公厅印发《农村人居环境整治三年行动方案》，提出以建设美丽宜居乡村为主要任务，以推进农村生活垃圾治理、生活污水治理、开展厕所革命、提升村容村貌为重点，加快补齐农村人居环境突出短板，要求各地区探索适合地区特征的农村人居环境整治技术模式与政策支持方案。为深入了解全国各地区农村人居环境整治情况、摸清不同类型村庄在人居环境整治行动中的经验和不足、总结推广典型地区农村人居环境整治技术模式，项目组在我国东、中、西部地区选择浙江、山东、吉林、安徽、江西、贵州、陕西、甘肃等省份的典型村庄开展实地调研工作，对收集的图文等数据资料进行归纳整理，以期为我国农村人居环境整治工作的高效开展提供参考。

浙江省围绕"千村示范、万村整治"工程引领美丽乡村、美丽浙江建设，一张蓝图绘到底，一任接着一任干，实现农村人居环境全面跃迁。2018年以来，围绕《浙江省高水平推进农村人居环境提升三年行动方案（2018—2020年）》，浙江省实现农村生活垃圾分类处置、生活污水全域治理、厕所改造深入推进、村容村貌高水平提升行动，打造出全国美丽乡村建设的浙江样板。为了解全国农村人居环境先行试点区域人居环境整治的技术模式、典型经验、管理体系以及下一步提升的方向，项目组选择绍兴市上虞区、台州市仙居县以及金华市浦江县开展实地调研工作，总结了垃圾分类"四定四分"体系、污水全域治理体系以及旅游村"三绿模式"等绿色生活理念实践，为其他地区推行人居环境整治提供借鉴样板。

山东省中部山地突起，西南、西北低洼平坦，东部缓丘起伏，包括山地、丘陵、台地、平原等多种地貌，是黄淮海地区典型省份。为总结凝练适宜于黄淮海地区村落分布特点、村庄地形地貌、当地农村居民生活习俗的农村人居环境整治技术模式与典型经验，尤其是在地下水超采区水冲式厕所改进技术模式、传统古村落改建理念与方式、近城区村庄农村生活污水处理模式与经验，项目组在山东省淄博市周村区、肥城市、寿光市进行农村人居环境整治实地调研工作，共走访调研特色保护类、集聚提升类、城郊融合类、易地搬迁新建村庄近30个。

吉林省作为东北地区典型省份，在厕所改造、农村生活污水治理方面存在着极低气温的气候限制因素，为深入了解吉林省乃至东北地区在农村人居环境整治方面的典型做法与经验，项目组在吉林省东丰县、梅河口市、双辽市的典型村庄开展农村人居环境整治现场调研工作，收集整理了东北地区应对极寒天气状况的农村厕所改造与建设模式，以县（市、区）为单位、以政府购买服务为主要方式的户分类、村收集、镇（乡）转运、县处理农村生活垃圾处理方式，不同村庄规模及集居条件下的集中式、分散式农村生活污水处理模式，以及环境整治提升型、民俗文化传承型、农村特色保护型、乡村旅游打造型等不同美丽乡村建设模式的相关资料信息。

安徽省地形自北向南划分为淮北平原、江淮丘陵、沿江平原、皖南山地等类型，地形复杂，作为长江经济带的重要组成部分，安徽省生态保护责任重大，再加之巢湖流域农业面源污染治理任务重、标准高，农村人居环境整治工作面临形势较为复杂。作为南方水网区典型省份，安徽省在因地制宜选择合理的农村生活污水治理技术和模式，加强改厕污水与农村生活污水治理有效衔接，统筹推进农村黑臭水体治理与农村生活污水、农厕粪污、畜禽粪污、水产养殖污染、种植业面源污染、工业废水污染等治理工作，以及持续打造徽风皖韵美丽乡村等方面积累了一些典型做法与宝贵经验。项目组以巢湖流域周边村庄为重点，开展以农村生活污水处理、村容村貌整治提升等为主要内容的实地调研工作。

贵州省作为我国西南部高原山区省份，地势西高东低，自中部向北、东、南倾斜，全省地貌主要包含高原、山地、丘陵和盆地四种类型。贵州省作为长江经济带重要组成部分、国家生态文明试验区，在因地制宜采用农村生活污水治理技术和模式、厕所改建、生活垃圾治理等方面积累了一些适宜南方山区的典型做法与经验，为进一步总结凝练适宜南方山区农村人居环境整治模式，项目组在贵州省丹寨县、贵阳市白云区、凤冈县进行实地调研工作，共走访调研聚集提升类、特色保护类、城郊融合类和易地搬迁新建村庄20余个。

甘肃省位于我国西北地区，地貌复杂多样，包含山地、高原、平川、河谷、沙漠、戈壁，地势自西南向东北倾斜，地处黄土高原、青藏高原和内蒙古高原三大高原的交汇地带。为了解以甘肃省为代表的西北地区农村人居环境整治的典型做法与成功经验，项目组选取高原山区天水市清水县、塬上庆阳市合水县和河西走廊武威市民勤县作为甘肃省典型县开展农村人居环境整治调研工作，收集整理丘陵高原山区"户分类、村收集、乡镇处理"的农村生活垃圾分类与就地处理模式，干旱区"一桶、三格、水冲式"户厕与无害化生态旱厕相结合的农村厕所改造与建设模式；探讨不同地形地貌村庄生活污水收集、处理模式，以及干旱区不同类型村庄在村容村貌改造过程中体现西北干旱区民居、民俗文化的经验与做法。

此外，项目组还收集了南方水网区江西省上饶市、黄土高原区陕西省延安市农村人居环境整治典型案例。根据样本省份实际情况，以"村"为单元，从121个样本村庄中挑选出最具代表性的32个典型村庄，编制成集，其中集聚提升类村庄14个、城郊融合类村庄5个、特色保护类村庄10个、易地搬迁新建村庄3个，全面总结典型村庄的做法、成效及在农村人居环境整治过程中存在的问题和政策诉求，以期为我国农村人居环境整治下一步提升行动提供可借鉴的技术模式与有益经验。

## 二、典型案例

### （一）集聚提升类村庄人居环境整治典型模式

以建设"宜居宜业"的美丽村庄为目标，科学确定村庄发展方向，在原有规模基础上有序推进改造提升，进一步激活产业、优化环境、提振人气、增添活力，保护保留乡村风貌。鼓励发挥自身比较优势，强化主导产业支撑，支持农业、工贸、休闲服务等专业化村庄发展。加强海岛村庄、国有农场及林场规划建设，改善生产生活条件。

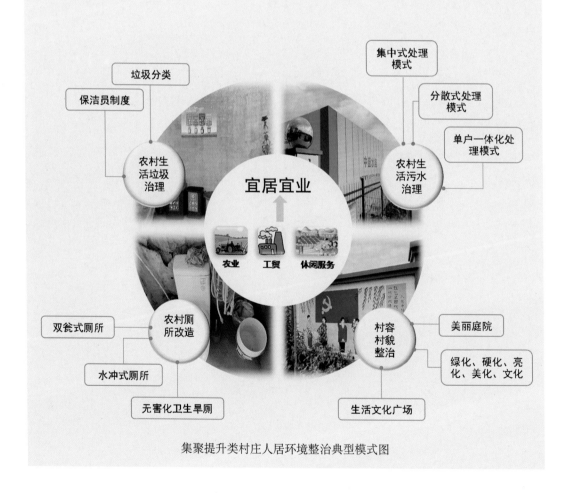

集聚提升类村庄人居环境整治典型模式图

### 1. 吉林省四平市双辽市永加乡忠信村

#### (1) 忠信村基本概况

忠信村位于双辽市永加乡，地处丘陵区，距双辽市区40千米，辖区面积23平方千米。该村两个自然屯，303户，总人口1032人。该村实现了生产、生活、休闲娱乐三区分离，环境优雅，人居适宜，居民和谐，群众安居乐业，属集聚提升类村庄。忠信村按照新农村建设总体要求，以农村环境卫生综合整治为切入点，突出塑造新环境、培育新农民、形成新风尚、建设新文化等重点内容，扎实推进"乡村文明行动"，努力打造美丽、文明、和谐的社会主义新农村。先后获得全省文明村、国家文明村、绿化美化先进村、"千村示范、万村提升"工程示范村、"十佳旅游特色村"、双辽市农村工作贡献奖等奖励，是双辽市一颗美丽明珠。

#### (2) 农村人居环境整治的典型做法与成效

忠信村成立以村党支部书记为组长，村副职、屯长、有威望的老党员为成员的村屯环境综合整治工作领导小组，明确任务分工，层层压实责任，定期召开专题会议部署推进，坚持以"改善人居环境，建设美丽乡村"为目标，深入贯彻落实农村人居环境整治三年行动计划，强化组织领导，加大资金投入，发动村民广泛参与，形成村干部带头抓环境整治、干群联动抓环境整治、健全机制抓环境整治的工作格局，村屯环境明显改善。

①农村生活垃圾处理

忠信村大力整治村庄乱扔垃圾的现象，在村组主要道路沿线修建垃圾池，搞好环境综合整治。继续加大力度开展环境整治，提升村屯形象，在打造环境卫生的同时，更注重管理和保护，在村屯环境管理上，实施"三包、三保"管护制度。即门前三包：包清洁、包美化、包文明；环境三保：保花草树木成活、保基础设施管护、保道路畅通。在保洁制度方面，制定《忠信村环境卫生整治方案》，成立7人专业保洁队伍，已基本形成"户分类、村收集、乡转运、县处理"的垃圾处理体系；健全完善《保洁员管理制度》制度，细化保洁员的具体工作，对路面、路肩清扫，排水沟清理，花草维护，树木剪枝等都制定工作标准和时间要求。监督监管方面，成立由村两委和党员志愿者督促检查小组，建立"小组打分、村监委监督、每月公示"的工作机制，严格督促检查，持续考评问效，并与保洁员工资挂钩，年终开展优秀保洁员评选活动，并给予适当奖励。目前全村人人关注人居环境、时时维护人居环境的意识已经形成，保洁员工作积极性、责任心显著增强，村内道路卫生由每天至少需要清扫两次到现在只需一周清扫不到一次。

忠信村农户门前分类垃圾桶

②农村厕所改造

忠信村2019年开始实施改厕整村推进，选用符合当地实际的微生物降解式无害化旱厕（生态旱厕），每间微生物降解式无害化旱厕建设成本为4 000元，10月末已全部完工使用。当前，农户家中厕所内白色便池干净卫生，上面有带长手柄的可移动盖子，美观实用；墙体四面封闭，不怕风雨不走光；棚顶安着灯，方便农户晚上如厕；因加入特殊处理的菌剂，达到免水冲、无排放、无污染、无增量、无害化的目的，极大提高村民生活的幸福感和获得感。

③村容村貌整治提升

忠信村坚持把村屯道路建设作为人居环境整治的基础，扎实有序推进，2014年实现"户户通"；2018年投入资金192.5万元，实施老旧路升级改造工程，共改造3.5千米，村内道路达到7米宽，新修高标准排水沟2万余米。作为首批社会主义新农村，村级路网建设完善，科学规划、合理布局、群众舒适度高，已实现户户通，田间路网均达到硬面化。忠信村以开展"美丽庭院、干净人家"等评选活动为载体，以完善制定村规民约为抓手，教育引导群众改变陈规陋习，养成良好习惯，积极参与整治，自觉维护环境卫生意识明显增强。在村容整洁方面，忠信村建造环村绿化带、硬质现代化样板街，实施标准化房屋改造工程和自来水入户工程。在文化建设方面，建立村文化科技信息网站、村级文化书屋、老年休闲活动中心、村级文化大院和文化广场。该文化广场原为村部西侧一处1万平方米的废弃地，村干部筹资150万元进行兴建，园内凉亭、甬道、花圃、回廊、水池点缀其间，目前已成为村民娱乐休闲的好去处。2018年投资12万元，新修党建长廊100米，党建标准化建设水平明显提升；按照"冬有青、春有花、夏有荫、秋有果"绿化美化原则，该村具备观光条件、生产条件、园区条件、采摘条件，成为全市农村乡村生态休闲旅游第一村。

忠信村文化广场一景

### （3）存在的问题或相关诉求

#### ①农村人居环境整治资金缺口大

农村人居环境工作所需资金投入大，然而目前市、县区两级财政投入有限，涉农资金整合难度较大，多渠道投入机制尚未建立，改善农村人居坏境资金投入缺口很大，忠信村村委会计划开展的沟渠修整、院墙美化、公共基础设施维护等工程由于缺乏资金而搁置。在之后的农村人居环境整治中，应积极拓展多元化的资金筹集渠道，探索政府主导、集体补充、村民参与、社会支持的资金投入机制，保证农村人居环境整治工作的资金需求。

#### ②工程建设标准化水平有待规范和提升

忠信村在农村环境整治建设中，工程建设标准不统一，对化粪池、厕所、路灯等设施后期维修管护带来不便。在下一步的生活污水治理规划设计过程中，要与村镇规划、新农村建设规划、当地环境保护规划等衔接，实施项目整合、资源整合，统一工程建设标准，做到规划引领、统筹兼顾、协同推进，避免重复建设、资金浪费。

### 2.吉林省梅河口市曙光镇西太平村

#### (1) 西太平村基本概况

曙光镇西太平村位于梅河口市城区南部，距离梅河口市政府约13千米，村总面积约2平方千米，村庄分类属于集聚提升类村庄。西太平村地处平原，共370户居民，村总人口1 143人，在村常住人口占比70%左右。2019年，集体通过转包、出租和流转集体土地，实现集体经济收入5.3万元，人均收入约1.4万元。2018年开始，西太平村投入近50万元，全面开展垃圾、厕所、农民生活方式和本村柴草垛堆放等几个方面的"革命"，经过近3年来的人居环境整治，现如今基本达到村屯无死角，村民家院子、园子、屋子都达到干净人家标准。目前，西太平村成功创建为省级美丽乡村示范村。

#### (2) 西太平村人居环境整治的做法与成效

自2018年始，西太平村从生活垃圾治理、厕所改造、村内绿化、道路保洁、庭院整治等几个方面进行了整治：

①农村生活垃圾治理

探索多元主体共同参与的治理机制。梅河口市农村垃圾实行"户分类减量、村统一收集、专业保洁公司转运处理"的运行模式，全市垃圾收储运实施"一张网"铺开、"一条线"清运、"一支队伍"清理。在制度建设方面，由乡镇建立一张网，以十户为一个网格，实行三级网格长管理，形成严密高效的农村环境卫生保洁网。在垃圾收运处体系构建方面，其一，教育引导农民对可降解垃圾，在家中建设降解池，对有机垃圾实行无害化堆肥处理；其二，对于其他不可就地处理的垃圾，聘请第三方保洁公司明基环境有限公司进行垃圾清运一条线全面负责；其三，按照每500人村屯配备一名保洁员的标准在每村建立乡村专职保洁队伍，按照定时、定岗、定责，统一车辆、统一工具、统一服装的"三定三统一"原则，实现全天候常态化保洁。

生活垃圾降解池和收集箱

沤肥庭院还田

西太平村设立保洁员后，主要制定以下几个措施：一是村内垃圾不再乱堆乱放，做到及时清运处理土堆、砖堆、沙堆、石头堆、灰堆、柴草堆、木头堆、粮堆、菜堆等清运工作；二是通过保洁员引导农民群众自觉形成良好的生活习惯，从源头减少垃圾乱丢乱扔、柴草乱堆乱积、畜禽乱撒乱跑、粪污随地排放等问题；三是清理陈旧型垃圾和整治非正规垃圾堆放点。

②农村厕所改造

遵循农户意愿，自愿选择改造模式。梅河口市在推行厕所改造过程中，主要推广三格式水冲厕所和无害化卫生旱厕两种模式的改造。西太平村在推进厕所改造的过程中由农户自愿选择，政府对有厕所改造需求的农户免费提供基础设施建设，改厕至今，共对村内 168 户农户进行卫生厕所改造，每户厕所改建的费用约 5 000 元，改建的费用均由政府承担。厕所改建后，运行、维护和管理均由农户自行负责，主要包括：定期抽粪、水冲式厕所的运行和维修。据了解，在正常使用的情况下，三格式每次抽粪的费用为30 ~ 50 元。抽取的粪液和粪渣由抽粪第三方负责处理，粪液一般用于直接浇地，粪渣卖给有机肥生产商生产有机肥，既实现粪污的资源化利用，也产生经济效益。

③村容村貌建设

依托"美丽庭院"和"干净人家"促进村容村貌整体提升。在村容村貌建设方面，西太平村主要通过打造"美丽庭院"和"干净人家"来提升村容村貌的总体水平，自人居环境整治工作开展以来，主要做了以下几个方面的工作：

一是村域公共空间卫生整治。曙光镇西太平村村内公共空间包括村内的道路、小广场、小景点、村委会等，村里所有公共空间由曙光镇政府出资在村里合理的区域为全体村民修建。公共空间的卫生由本村的保洁队伍统一负责，每天轮流清扫，时刻保持干净整洁。保洁员也负起监管的责任，监督全体村民自觉维护公共空间的环境卫生，同时做日常的宣传工作，提高村民的整体素质。

二是村庄主要道路建设和村庄绿化。结合"百村示范"实际要求，以净化、洁化、美化农村环境为准则对西太平村村庄的道路、巷路和空地进行了如下的绿化：曙光镇西太平村两侧的公路沿线大约 1.5 千米，2019 年公路两侧沿线新栽大树大约 3 000 棵、新铺草坪绿化 1 000 多平方米、栽种各种花 6 万株。村庄内巷路 5.6 千米，2019 年村庄内巷路两侧及村庄内边沟两侧栽种各种花 10 万株、新铺草坪绿化 5 000 多平方米，新增 2 处美化环境小景观。

三是庭院整治与拆乱改建。目前为止，西太平村通过开展家庭环境集中整治行动共拆除玉米棚 12 个、拆除柴草棚 43 个。通过整治房屋主体、仓房、棚厦、厕所、畜禽圈舍等设施，村庄安置合理。墙面按照统一要求的颜色和款式粉刷防水涂料。建有标准化围墙或围栏，铁制大门涂漆。庭院内活动区域铺设步道砖或水泥硬化，柴草垛设置隐蔽或建有外观整洁的柴草棚。院内无杂物，物品摆放整齐，无乱搭、乱建、乱堆、乱挂现象。房前屋后广栽花草树林，庭院绿美化面积不少于庭院面积的20%。定期修剪花草，无枯枝，无虫害。

四是"美丽庭院、干净人家"重点打造。重点改造美丽庭院、改造农户厕所、改好生活习惯，塑造乡村新"颜值"。西太平村将农村人居环境建设集中向农户庭院、室内延伸，坚持以农民为主体，市、乡、村各级组织共同发力，协调联动，按照"五美、五净"创建标准实施"美丽庭院、干净人家"评选活动，使维护干净整洁村屯环境成为农民的自觉行动。

干净整洁的道路

村娱乐文化设施

### （3）存在的问题或政策诉求

①资金缺口较大

农村人居环境整治需要较大额度资金，然而目前市、县区两级财政投入有限，且多渠道投入机制尚未建立，改善农村人居环境资金投入缺口很大。在之后的农村人居环境整治中，应积极拓展多元化的资金筹集渠道，充分发挥村集体经济作用，充分调动合作社、村企业和村民的参与积极性。

②院内畜禽养殖不规范

西太平村农户有庭院养殖鸡鸭鹅以及肉牛等畜牧的习惯，但是存在粪污处理不及时、粪污堆积等问题，这不仅不利于村庄整体美观性的提升，还造成庭院内畜禽粪污、臭味难以处理的问题，制约着西太平村人居环境的进一步提升。

### 3.浙江省台州市仙居县横溪镇垟庄村

#### （1）垟庄村基本概况

垟庄村位于仙居县横溪镇东北面，距镇政府7.5千米，东至灯笼山，南至322省道

2.5千米，西至上连寺，北靠白冠山景区，地处丘陵，村庄分类属于集聚提升类村庄。全村共10个村民小组、312户、1140人，有耕地面积900亩，山林面积5000亩。埠庄村属"古老八都地区七庄八地"之一，村内产业以农业经济为主，主要种植柑橘、杨梅等经济作物。近年来，该村以围绕实现乡村振兴的目标，以"五心"党员工作法、"和合好班子"创建等方式，带领全村村民开展基层党建示范点创建、垃圾分类示范村创建、美丽乡村创建、白冠山旅游开发等工作，成为户户出力、人人参与的"埠庄经验"，成为浙东地区乡村振兴的实践样板。

**(2) 农村人居环境典型做法与成效**

①农村生活垃圾治理——打造垃圾分类及资源化利用的浙东样板

为实现农村生活垃圾治理"减量化、资源化、无害化"原则，埠庄村以农户"二分类"为基础，完善"四定四分"收运体系，构建村委、妇联、保洁等各方主体参与的激励机制，基本实现易腐垃圾堆肥利用、可回收垃圾专项回收、其他垃圾焚烧发电及有害垃圾无害化处理。

以农户"二分类"为基础。生活垃圾资源化利用与无害化处理以农户准确分类为基础。埠庄村为每户配备"易腐垃圾"和"不易腐垃圾"二分类垃圾桶，购置一辆小型垃圾分类收集车，用于上门收集。村内配备废旧电池和废旧灯管回收点，为激励农户将有害垃圾回收，制定两个旧电池换一个新电池、两个旧灯管换一个新灯管的激励办法。同时村内也建立一处废旧衣物回收点和玻璃瓶专项回收点。严格的垃圾分类标准为后续分类处理奠定基础。

以"四定四分"为保障。埠庄村垃圾分类实现定点分类投放、定时分类收集、定车分类运输、定位分类处理的"四定四分"体系，以确保垃圾日产日清。

以"五有、四落实"为标准。即村内有专门的垃圾分类管理机构、有保洁人员、有提供处理设施、有经费保障、有管理制度；落实人员、制度、职责和经费，以确保垃圾治理有人管、有钱使。

以"两分法宣传"为手段。为提高各方主体积极参与生活垃圾分类，充分发挥村"两委"班子、村妇联主席、保洁员、站房管理人员和在家妇女的作用，埠庄村构建了两分法宣传机制。一是抓牢干部，调动村"两委"班子、党员干部入户进行"一户一培训"。通过电视、报纸、LED显示屏、农民信箱（短信）、微信等媒体宣传动员，形成"垃圾分类，我知晓，我参与，我奉献"的热潮，同农户"零距离"接触、"面对面"沟通、"心贴心"交流，一边捡垃圾、除杂草、清理绿化带，一边向村民、民宿农家乐经营户分发宣传手册、小礼品，宣传科普垃圾分类知识，提升村民的知晓率、参与率和满意度。二是发动巾帼，充分发挥农村妇女主力军作用，成立以村妇联主席为代表的巾帼先锋队伍，由她们进村入户宣传指导监督垃圾分类工作。

以"一榜一码"为监督。垟庄村实行网格化管理，村"两委"班子实行区块负责制，并依据村民小组分块实行网格化管理，每户具体落实到负责人，区块负责人上报每天巡逻情况。"一榜"即"红黑榜"，依据区块负责人的巡逻情况，对每户生活垃圾分类情况打分，并及时公布。"一码"即在每户垃圾分类收集桶贴有数字化管理二维码，对每户垃圾产生量、分类正确率实时监测，实现智能化管理。按照《浙江省生活垃圾管理条例》，对未分类投放生活垃圾的个人责令整改，并视情节处以200元以上2 000元以下的罚款。

在农户实现"易腐"和"不易腐"垃圾二分类、大件垃圾和有害垃圾定点投放与奖励回收的基础上，垟庄村构建村干部与在家妇女的积极宣传办法、"一榜一码"结合网格化管理的监督办法，保障各方主体积极参与生活垃圾分类。

垃圾分类指导牌

搭建垃圾投放处

有害垃圾回收点

垃圾分类考评榜

农户"四定四分"生活垃圾分类体系

②农村生活污水治理——雨污分流，集中处理

由于雨季水流量大，垟庄村首先实现雨污分流，雨水经沟渠直接流向河流，生活污水经污水处理终端处理后排放。污水处理终端采用"厌氧池＋人工湿地"处理工艺，农户家中生活污水和厕所污物收集后，通过管道排进村内生活污水处理终端进行处理，尾水经过人工湿地后达标排放至附近水体，出水水质达到浙江省《农村生活污水处理设施水污染排放标准》（DB 33/973—2015）二级标准，可直接用于浇灌农田，设备覆盖全村298户家庭，日处理量达90吨。污水处理设施均由政府出资建设，运维管理交由杭州威立雅科技有限公司负责，形成"政府建、企业管、农户用"的污水处理体系。

③村容村貌提升

提升公共服务水平。近些年来，在县、镇党委和政府的正确领导下，村"两委"干部依靠党员，团结带领群众，立足实际，攻坚克难，一心一意谋发展，全心全意促振兴。自2018年8月开始，整理村容村貌，清理垃圾4 000多立方米，拆除危旧房、猪舍等6 000多平方米，打通13条断头路，开发白冠山景区，铺设1 000多米游步道，同时配套100余个停车位，在村内拆除的危旧房空地上修建小公园、小花园，提升了村内绿化水平。

以"一事一议"制度推进基础设施建设。垟庄村通过一事一议财政奖补项目完成村道路硬化工程，工程总投资91万元，其中村民筹劳7.2万元，村集体投资27.8万元，各级财政奖补资金56万元，项目硬化村杨梅山下道路宽4米，长2 000米，小桥一座。

美丽乡村治理"三绿"模式。在美丽乡村建设中，该村探索形成"三绿"工作法，即规范本村村民的绿色公约、激励游客绿色行为的绿色货币以及解决村民矛盾的绿色调解，将绿色理念充分融入村民的日常生活中。

# 三绿模式

绿色公约：通过村规民约制定十条公约来约束规范村民的生产生活行为，促使群众改变落后观念、革除陈规陋习、养成良好习惯，自觉参与乡村治理，其内容为：

（一）生态环境要保护；（二）垃圾处置要分类；

（三）门前屋后要整洁；（四）和合新村要拥护；

（五）村内管理要服从；（六）淳朴乡风要保持；

（七）矛盾纠纷要调解；（八）邻里相处要和谐；

（九）绿色资产要维护；（十）乡村产业要发展。

绿色货币：通过绿色货币奖励村民和来村旅游游客的绿色行为，以实实在在的利益为驱动，调动村民和游客绿色生活的积极性。

（一）领取标准：自觉参与生活垃圾分类，每次投放正确；门前屋后种绿添绿；参与村内环境整治等资源服务。

（二）发放《绿色生活清单》，村民或游客完成各个事项后由相关负责人审核并签字盖章，作为领取"绿币"的凭证；村民或游客凭清单到便民服务中心向工作人员兑换"绿币"，可直接用于购买等价的生活用品。

（三）通过成立"绿币基金"，保障绿色货币制度常态化运作，"绿币"基金和面值由村自行筹集和确定。

绿色调解：将村民觉得矛盾的固有传统、习惯做法与生态保护、绿色发展相结合，使乡村矛盾调解过程转化为村民自我教育过程和矛盾双方参与绿色发展的过程。包括矛盾双方义务劳动做两工、过错罚种三棵树等绿色行为。该机制不仅将日常生活矛盾发生率降到最低，在绿色调节过程中，矛盾也因双方绿色行为合作迎刃而解。

污水处理终端

村公共卫生厕所

美丽村居　　　　　　　　　　　　　　村人居环境一瞥

### （3）下一步提升方向

垾庄村在各级政府的支持下已经通过项目制的形式建立起生活垃圾分类体系、生活污水治理体系，厕所改造和村容村貌提升工作已完成，但体系运转与设备运行重在维护与管理，该村下一步工作重点在于建立完善的农村人居环境统筹提升长效运行机制。其一，实现政府引导，其他主体积极参与的工作机制，在提升阶段，政府应当以引导为主，第三方企业、村集体和农户积极参与提升；其二，探索多元主体资金投入机制，政府在基础设施建设阶段已经投入大量资金，在提升阶段，应当探索社会资本投资、村集体和农户分摊的多元资金投入机制。

### 4.安徽省合肥市巢湖市柘皋镇汪桥村

### （1）汪桥村基本概况

汪桥村位于柘皋镇东部，南与五星接壤，东与夏阁镇相连，西北与苏湾镇毗邻，属丘陵山区，坡地面积占比较大，村总面积约10平方千米，其中耕地面积约2 800余亩，山场面积约7 000余亩，村庄分类属于集聚提升类村庄。全村18个自然村22个村民组，共2 748人。2018年村中组织成立乡村旅游合作社，2019年村集体经济产值为26.6万元，平均每户分红约1.5万元。汪桥村自开展农村人居环境整治以来，雨污分流、改水改厕、垃圾分类、乡村道路建设和村庄亮化绿化等工作成效显著，并于2019年入选第二届中国美丽乡村百佳范例。

### （2）农村人居环境整治的典型做法与成效

①农村生活垃圾治理

户分类、村收集、镇转运、市处理"四位一体"的垃圾处理体系。汪桥村生活垃圾处理运作模式为第三方处理模式，生活垃圾分为可腐烂垃圾、可回收物、有害垃圾和其他垃圾四种类型，由村民自发分类后，再由保洁人员进行二级分类，并由终端进行第三次筛分。该村布置垃圾分类收集桶26组，小型垃圾分类收集桶205组。可回收垃圾通过村中放置的分类回收终端进行回收，村民按照要求投入垃圾可以获得相应的积分，积分可在兑换机中兑换洗衣皂、卫生纸、苏打水、牙膏等生活用品。可腐烂垃圾统一运输至村外的可腐烂垃圾沤肥点，将可腐烂垃圾沤肥还田，以达到减量化、资源化、无害化的目标。有害垃圾和其他垃圾由环卫车辆运送至集中处理点，运输和管护费用均由政府出资。汪桥村配备保洁员进行日常保洁，垃圾收集处理采用户集中、村收集、镇转运、市处理"四位一体"的垃圾处理流程，实现了垃圾及时清扫、分类收集、日产日清，极大改善了村庄卫生条件和村民生活环境，确保村庄卫生整洁，宜居舒适。

村分类收集点

汪桥村污水处理设施

②农村生活污水治理

雨污分流，分类施策。汪桥村作为山区坡地型村庄，采取雨污分流治理措施保护村庄环境和生态水体，上游山体雨水通过新修缮的4 900米排水渠和管道收集后，排入村庄外围沟渠，村庄内部通过户改厕的三格式化粪池或玻璃钢模压式化粪池等进行简易处理，并根据地势将产生的生活污水集中收集接入到村内两个微动力处理设施处理，避免雨污混流对下游水体造成污染。每座处理站建造费用为20万元，日常维护费用为1.0万元/月，日均污水处理量达50立方米，可处理全村95%以上的生活污水。处理设施采用好氧移动床生物膜反应器（MBBR）加人工湿地工艺，设计出水水质达到《安徽省农村生活污水处理设施水污染物排放标准》(DB 34/3527—2019)中的一级A标准。污水处理站累计投入治污资金206万元户，均投入0.86万元，人均0.29万元，建成后由村负责日常运营维护管理，设备厂家提供技术指导，管护资金由市级财政给予补助。

③厕所改造

多户并改，共建联户式水冲厕所。汪桥村在原有旱厕的基础上进行厕所改建改造，改造旱厕238座，改厕率达到100%。在改厕过程中，厕所改造和铺设管网共计投入170余万元，新建污水主管网4 500米，支管网及入户管网5 200米，污水设施检查井82个。

此次改厕公共厕所改造数量占比较大，平均每4～5户共用一个公共厕所，每户都配有钥匙，日常打扫由每户轮流进行。除此之外还建有4座公共厕所，按照通风、除臭、清洁、卫生的标准，安排专人日常维护。

改建后的联户式水厕与村公共厕所

④村容村貌提升

深入实施"五清一改"，积极动员全村力量参与村容村貌提升。汪桥村美丽乡村建设按照"空间优化形态美、功能配套村容美、兴业民富生活美、生态优良环境美、乡风文明和谐美"的总体要求，完成环境整治面积13 500平方米，清淤池塘7口、疏浚河道3 000余米，拆除破旧危房45间780平方米，拆除围墙800平方米，清理整平场地6 200平方米，完成主、次干道道路硬化长度约4 000米，水泥路面改为沥青路面1 450米，以治脏、治乱、治污为重点，彻底解决"乱拉乱挂、乱搭乱建、乱堆乱放、杂草丛生"等突出问题。

充分利用已有的文化遗产。在环境整治过程中保留乡村原始风貌，将清末民居、老供销社、抗战期间巢县县委驻地都特意进行了保存。环境整治中拆除的废弃物、产生的废料，经村委会和理事会商议，将这些砖石瓦砾砌成围墙，将一些老物件摆放整齐，将坛坛罐罐栽种花草。

积极改变村民的生活观念。宣传卫生防疫、健康生活等活动30多场次，建立文明村规民约。定期举办"文明家庭""美丽庭院""十星级文明户""最美婆媳"等评选活动，宣传烟花爆竹禁放、殡葬改革、厚养薄葬、喜事新办等"移风易俗"新观念。

丰富村民的日常生活。建设2处农民文化广场，定期举办"乡村春晚"等活动，丰富村民的精神文化生活。鼓励和支持农户自主选择房前屋后绿化硬化美化，发展庭院生态种植，建设小花园、小菜园、小果园、小竹园等。

村容村貌焕然一新

### （3）存在的问题或相关诉求

①工程建设标准化水平有待提升

汪桥村在农村环境整治建设中，工程建设标准不统一，对地下工程、管网和化粪池等设施后期维修管护带来不便。在之后的生活污水治理规划设计过程中，要与村镇规划、新农村建设规划、当地环境保护规划等衔接，实施项目整合、资源整合，统一工程建设标准，做到规划引领、统筹兼顾、协同推进，避免重复建设、资金浪费。

②村民环境保护意识需提高，村规民约约束性需加强

目前，村民的环境治理缴费支付意愿不强，只有个别捐资捐款，甚至部分群众受不良习惯和落后观念影响，随地乱丢垃圾、建筑垃圾随意遗弃的现象时有发生。村规民约虽有制定，但其约束力、权威性略显不足。

### 5.安徽省合肥市巢湖市黄麓镇昶方村

### （1）昶方村基本概况

昶方村是巢湖东岸典型的滨湖型村庄，离湖滨不到1千米，位于黄麓的腹地，在烔长路的南侧，占地面积约1.5平方千米，总人口1 500余人，在村常住人口占比

50%～60%，村人均年收入为13 210元，村庄分类属于集聚提升类村庄。作为巢湖乡村旅游示范点，近年来在大力推进农村人居环境整治基础上，着力打造乡村旅游，已经成为焖长路沿线一个不得多的特色旅游乡村。

**（2）农村人居环境整治的典型做法与成效**

昶方村以提升人民群众生活满意度为目标，共投资1 600万元，进行"美好乡村示范村"建设，深入推进以垃圾治理、污水处理、厕所改造、村容村貌提升为重点的农村人居环境整治工作。

①农村生活垃圾治理

昶方村垃圾治理的运行模式为政府投资基础设施建设，转包给第三方企业运行，由县、镇、村以及农户四级监管，政府根据环境现状和农户满意度支付运行费用。巢湖市推行"三四五"工作法，构建"巢湖模式"的"分类收集、定点投放、分拣清运、回收利用、生物成肥、焚烧减量处置"的农村生活垃圾分类减量处理和资源化利用运行体系。"三"即垃圾治理实行三级分类，农户初分、保洁员二次分类、最后由处理终端第三次分类处置，实现生活垃圾资源利用最大化。农户按照可腐烂与不可腐烂为标准初分，可腐烂垃圾投放至村垃圾堆肥房进行堆肥，并实现就地还田利用；不可腐烂垃圾中，可回收利用垃圾和有害垃圾投放至收集点，可智能兑换日常生活用品，不可回收利用的垃圾由镇统一运转到县级垃圾处理厂处理。"四"即四层分类处理，根据农村生活垃圾类别和特性，按有机物、可回收物、有害垃圾和其他垃圾四分类分别处理。"五"为五定制度保障，即垃圾定点投放、定人收集、定时清运、定点处置以及定责管理，从制度层面规定了垃圾治理相关主体的职责体系。这一模式从初端激励农户进行分类，中端保洁员二次精确分类并实现了部分垃圾就地处理，大大减轻了集中回收处理的转运和处理成本，据测算，昶方村每户每年的垃圾处理成本在70元左右，相比以前县镇集中收集处理运行成本有所减少。

昶方村生活垃圾分类基础设施

②农村生活污水治理

昶方村作为滨湖型村庄，为确保"不让一滴污水进入巢湖"，采取污水管网集中收集、设施统一处理模式，依据现有"九龙攒珠"的村庄格局，加强水系治理。昶方村生活污水集中处理累计投入治污资金202万元，户均投资0.83万元、人均0.28万元。新建雨污水管网3 013米，检查井37座，采取设计与采购、安装一体化方式，由合肥市中盛水务公司建设日处理50吨一体化污水处理设施1座，并由建设方派专人负责日常运行维护，按1.2万元/年的标准由市财政支付运营管护费。昶方村采取"A³/O＋MBBR（好氧移动床生物膜反应器）一体化技术"，生活污水经收集管网排入污水格栅渠，格栅渠内安装格栅，除去大颗粒的杂物。经格栅渠处理后的污水自流进入调节池，调节池可调节污水水质水量，污水在调节池内充分调节稳定水质后，经提升泵提升至一体化污水处理设备内，依次经过预脱硝区、厌氧区、缺氧区、好氧区、沉淀区。污水中污染因子被微生物充分降解分解，再经泥水分离，污泥存入污泥池中，尾水经过紫外消毒设备后达标排放。

在污水治理设施运维管护方面，公司配备经验丰富的专业技术人员负责设备日常运营维护，建立完善的管理体系，每天通过远程监控程序观测设备运行状况，及时了解设备状态，并将设备情况及时反馈，保证设备正常运转，出水正常。运维专员定期对设备进行巡查检修，及时发现问题并解决问题，力求设备保持在最佳运行状态。设备运行至今，日平均处理水量为29.2吨，累积处理5 200余吨污水，切实改善了昶方村水环境和人居环境。

昶方村生活污水处理设施

③农村厕所改造

巢湖市在农村改厕中采取"三优三监一保"推进模式，即"优选改厕产品、优选施工队伍、优选售后服务，加强群众监督、加强监理旁站、加强三巡检查，提高质保年限"。牢牢把住改厕质量关，为后期管护打下良好基础。后期管护主要采取产品服务捆绑招标、发挥农户主体作用、放大社会辅助作用、强化管护监督检查、建立管护基础台账、严格管护绩效考评六项措施，达到"厕具坏了有人修、粪渣粪液满了有人清"维护要求。

昶方村厕所改造由农户自愿选择，政府对有厕所改造需求的农户免费提供基础设施建设，然而在运行方面，乡镇政府与农户签订管护协议，明确农户在厕所改造管护中的主体责任。其一，昶方村鼓励农户对粪渣、粪液自行清掏，用于农业生产。对自行清掏用于农田施肥，不随意倾倒污染环境，不申请清掏服务的，每户年终可获得50元补助资金。其二，实行有偿清掏服务，在化粪池粪液日常清掏维护工作中，管护机构按市场化要求提供有偿服务，对有清掏需求农户前三次按最低标准收取费用，三次之后按梯度收取服务费。每个乡镇配备1辆以上吸粪车抽取后送给大户利用或统一收集后就近送往附近的污水处理设施进行集中处理。其三，实现粪渣、粪液无害化利用，乡镇政府在改厕服务站与种植大户之间牵线搭桥，通过两者签订协议方式，明确大户自行建设储液池和堆肥垄，管护人员将粪渣粪液定期送到指定地点，种植大户按次结算油费，实现双方各取所需，各得其利，有效解决种植大户有机肥难买、农户粪污无处出的难题，实现经济、社会、环境效益最大化。

④村容村貌整治

昶方村于2017年11月全面启动美丽乡村建设，以"两山"理论为指导，扎实开展农村环境"三大革命"，加强硬化、绿化、亮化、美化"四化"建设，全面推进"五清一改"，突出卫生改厕、生活污水治理、生活垃圾处理、村庄环境综合整治等，解决与群众生活关系最密切，群众要求最迫切、意愿最强烈的环境问题。通过一年来的不懈努力，实现户户通自来水、通硬化道路、用卫生厕所、污水有效处理，垃圾分类处置，房前屋后绿树成荫，人居环境干净整洁，主要包括以下几个方面的内容。

旧村整治。重点处理生活垃圾、生活污水、乱堆乱放农业废弃物；着力提升公共设施配套、绿化美化、饮用水安全保障、道路通达、建筑风貌特色化村庄环境管理水平。

建筑整治。对不符合村庄整体风貌的建筑进行整治，拆除简易建筑。

新建建筑。仅需要在一些原有破旧的建筑物基础上建设新建筑，新建筑按照原先的形式来建设，来延续村庄原有风貌。

公共设施完善。改造村民活动室、新建活动广场等配套设施。

基础设施完善。完善排水系统、道路系统。

景观提升。对村庄现状内的空置地、水面景观等重要节点进行提升。

改造后的户厕与公共厕所　　　　　　　　　村居环境

传统村居　　　　　　　　　　　　昶方村人居环境一瞥

### （3）存在的问题

**①农户垃圾分类水准有待提升，堆肥房使用效率较低**

昶方村虽然已经实现"户分类，村收集、镇转运、县处理"的垃圾分类治理模式，并且对于部分有机垃圾实现就地处理，但是从设施运行的情况来看，农户垃圾分类的准确度不高，多数农户门口的垃圾分类箱并不是按照分类要求投放。其次，昶方村虽然已经建立有机垃圾堆肥房，但从有机垃圾堆肥房的运行情况来看，可实现堆肥的垃圾量少，农户使用有机垃圾堆肥成品的意愿较低。

**②村规民约停留在表层规范，执行力不强**

昶方村将村规民约总结为20个四字成语，从其内容来看，仅仅停留于对村民的价值规范和意识导向的表层引导，并未具体规范村民保护环境的行为，其约束力不高、农户的执行力不强。

**③农村人居环境整治资金来源渠道单一**

昶方村生活垃圾治理、生活污水治理、厕所改造以及村容村貌建设的资金均来源于市、县财政拨款，由于村集体经济实力较弱，并且农户的支付意愿不高，村集体以及农户尚未自筹资金支持农村人居环境整治工作，导致市、县一级的人居环境治理支付压力较大，亟待建立与完善多元主体共同分摊成本的运行机制。

### 6. 江西省上饶市横峰县姚家乡苏家塘村

#### （1）苏家塘村简介

横峰县姚家乡苏家塘自然村距县城9.6千米，村庄生态优良，民风淳朴，全村居民67户、270人，村庄分类属于集聚提升类村庄。自开展秀美乡村建设以来，该村群众在理事会的带领下，心往一处想、劲往一处使，围绕"人的新农村"建设，秉承"耕读传家"的理念，着力做好"生态、文化、宅改"三篇文章。

#### （2）农村人居环境整治的做法与成效

为了切实提升农村人居环境，营造整洁、优美、文明的生产生活环境，不断改善村容村貌，提高村民素质，保障人民群众身体健康，促进人与自然和谐相处，苏家塘通过"四个一"推动人居环境整治迈上新台阶。

①农村生活垃圾治理

分类投放，分类处置。苏家塘村生活垃圾实行分类治理，农户对不同垃圾种类分类投放、分类处置。可堆肥垃圾包含果皮、茶渣、菜叶及畜禽粪污等，由农户投放至堆肥窖，经无氧堆肥后作有机肥还田；不可堆肥垃圾由农户投放至垃圾棚屋，经乡镇转运至县垃圾处理中心；大件垃圾、可回收垃圾及有害垃圾投放至专人负责的集中投放点，实现定期清运，基本实现生活垃圾不落地。

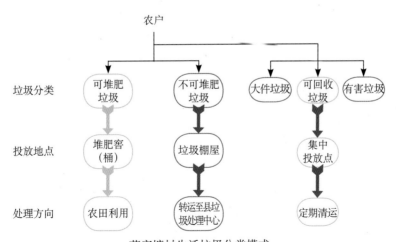

苏家塘村生活垃圾分类模式

②农村生活污水处理

黑水、灰水分离，分类处理。苏家塘村主要面临黑水和灰水两类污染源，其中黑水包括粪便、尿液及冲厕水，其含氮量高，经处理可实现还田利用；灰水主要包括洗澡、洗头、洗衣、洗菜水等生活杂排水，易造成水体富营养化。黑水排入三格式化粪池内，粪污无害化处理后进行资源化利用，如浇灌农田、菜地、果园、绿化地等；灰水接入管网系统，末端处理达标后排放或回用，基本构建生活污水循环利用体系。

家庭生活污水处理设备及三格式化粪池

③农村厕所改造

实施粪污还田、严格规范厕所使用。围绕厕所无害化改造要求，苏家塘村因地制宜对所有农户采取新建"砖砌三格式"化粪池或使用"一体成型三格式"化粪池进行改造。实行干部包户，组织专业人员督查，严格执行改厕标准。目前，全村农户无害化卫生厕所比例达100%，并对化粪池使用做出具体规定：

生活污水不能入化粪池，做到粪便污水与生活污水分流排放，应保证粪便在第一池贮存20天，第二池贮存10天，使便后冲水量尽可能减少。

新建的化粪池在使用前，应预先在第一池内加入一定量的水，水面超过连通管下端开口处，以形成水封防止连通管被粪污堵塞，或使大量粪块漂入第二池。

不允许在第一池内取粪便作肥料，只允许在第三池内取粪水施肥。

化粪池顶板上的盖板平时要盖严，只能在清淘粪渣或舀粪水时打开。

应适时清除粪皮、粪渣，约半年或一年清理一次。

清渣或取粪水时，不能在池边点灯、吸烟等使用明火，以防沼气遇火爆炸。

所清粪渣应经高温堆肥或化学法进行无害化处理，不能直接用于农田施肥。

④村容村貌改造

以打造"耕读文化村"为核心，促进"物的新农村"和"人的新农村"建设。苏家塘村通过传承耕读文化，以促进村民养成文明生活方式，为改善村庄环境打下良好基础。

留住最美乡愁。因地制宜开展农村人居环境整治，不砍树、不填塘、不搞大拆大建，共清理空心房、破旧的废弃房、违章房45处、围墙1260米，整治空地荒地1.05万平方米，改造池塘5口。村主干道、入户道全部硬化，利用废旧的瓦罐、磨盘等进行点缀、就地取材、用生态建材，营造了留有乡愁、疏密有间、竹林摇曳的村庄美景。

规范村庄管理。落实"规范建房、有偿使用、无偿退出"宅改新策，按照"一户一宅"，每户保留一处住房，对新建房面积控制在120平方米以下。对整治出来的空宅基地，统一归村集体所有，栽种马家柚、桃树等各类果树1800余株，收入用于济贫解困、公益事业和日常管护开支。

传承耕读文化。修缮村文化活动中心，设立读书角，增添围棋、象棋桌，方便村民阅读和文明休闲，引导大家比家风、比学风、比成绩，传承读书开智明理、勤奋好学的优良传统。修建"读书林""尊师亭""状元树"造就浓郁书卷气息，"公孙林"颐养天年的老人成了另一道夕阳风景，"醒目井"涓涓细流，呈现村庄悠久历史，灿烂的笑脸墙展现的是这个村每个家庭的幸福生活。修葺一新的苏氏祠堂里面，展现农耕文化，墙上醒目的苏氏家训，告诫着每一位在这里成长的儿童，要好学尊老、守纪。家家户户门窗上粘有融入农耕、读书、德孝等文化内容的剪纸，映射出"种好田，读好书，做好人"持家立身的优良传承；一个"人居环境改善，人文品位提升"的新苏家塘正由愿景变成现实。

同时，为保证环境整治效果的持续性，苏家塘村建立"四个一"长效管护工作机制：

建立一支队伍。为提升农村人居环境综合治理工作成效，苏家塘以保洁员、公益性岗位人员为核心，成立一支人居环境整治工作队。

明确一个标准。对公共区域，保洁员每天上下班各清扫一遍，确保地面、水沟、草皮无明显垃圾；农户前庭后院物品堆放整齐，室内干净整洁、畜禽圈养、沟渠干净无淤泥，积极主动宣传人居环境卫生常识，引导群众提升环境保护意识。

每月一次评比。每月开展评比，组织村组干部、理事会、监事会成员深入农户室内进行指导评比，对卫生好的给予红榜公示，对人居环境卫生差的给予黑榜公示，引导村民养成良好卫生习惯。

创新一个模式。为维持人居环境卫生，能够实现长效管护，苏家塘村探索多元主体共建机制，筹集模式通过"财政给一点、群众筹一点、企业帮一点、集体经济出一点"，实现长效管护、资金使用效益最大化。

整治后的苏家塘村人居环境一瞥

### （3）存在的问题及政策诉求

苏家塘村构建生活垃圾分类收集、处置体系、黑水灰水分离处置体系、无害化卫生厕所粪污还田利用体系及以耕读文化为核心的村容村貌可持续整治机制，打造出维系农耕文化的集聚提升类村庄人居环境整治典范。然而，由于村庄二、三产业基础薄弱，年轻人大多外出务工，在村居住者多为老年人，在开展人居环境整治过程中难免出现"心有余而力不足"。苏家塘村下一步努力的方向是吸纳返乡人才创业，打造特色产业，立足"产业兴旺"，谱写乡村振兴的文章。

### 7.山东省淄博市周村区南郊镇前辛庄村

### （1）前辛庄村基本概况

前辛庄村位于周村区南郊镇南部，距离周村主城区5千米，南邻文昌湖旅游度假区，东接正阳路，北靠淄河大道，地理位置优越，交通便利。前辛庄村地形平坦，在村庄分类上属于集聚提升类村庄，现有109户，人口386人，耕地面积420亩，2019年村集体收入20余万元，属于中等收入村集体，近年来，前辛庄村以省派乡村振兴服务队为助力，积极发展壮大村集体经济，为农村人居环境改善提供资金支撑，不仅壮大发展玉米产业，也是周村区"美在家庭"示范区。

**（2）前辛庄村人居环境整治的做法与成效**

近年来，前辛庄村紧紧抓住美丽乡村建设的契机，改善村庄基础设施建设，从住房统一规划、垃圾分类、污水治理、村容村貌改造提升入手，人居环境面貌焕然一新。

①农村生活垃圾治理

前辛庄村生活垃圾治理主要分两个阶段进行：一是清理路边陈年垃圾，完成平交路口建设，辖区铁路沿线、裸露土地、沟壑、农村三大堆的清理，清理面积2万多平方米，清运垃圾60余车。二是全面推行生活垃圾分类，全面推行"户分类、村收集、镇转运、县处理"的垃圾运行机制，全村生活垃圾由村民按照"厨余垃圾、可回收垃圾、不可回收垃圾、其他垃圾"四分类后投放至村中垃圾分类收集桶中，并由镇政府统一配备的垃圾专用收集车辆转运至周村区垃圾中转站，最终运送至淄博市投资建设的垃圾焚烧发电站进行焚烧利用。目前，全村共有4个垃圾分类收集点，同时配备保洁员负责日常环卫保洁工作，所有费用均由政府专项资金负责。

陈年垃圾堆放点

清理后的垃圾投放点

②农村厕所改造

前辛庄村始终坚持全面贯彻"小厕所大民生"的政策要求，采取"一体三格式、一体双瓮式、砖砌三格式"等形式，坚持"建管并重"，建立机制，管护到位。自厕所改造以来，完成村居村民无害化卫生厕所改造109户，改造率达到100%，改厕费用由政府出资。在厕所运行维护方面，一是建立抽粪清洁服务机制。由镇政府自行采购确定周村隆元清洁服务部和周村鑫阳养殖场两家抽粪清洁服务公司，每年给全镇农户免费抽取一次；自第二次抽粪起，以不高于30元/次的价格进行收费，比目前市场价格50元/次的要低，农户也可自行选择其他抽粪清洁服务，费用自行承担。二是建立健全监管督查机制。各村建立抽粪、维修服务台账，抽粪、维修情况将不定期对各村户主、村农厕专干、服务人员签字确认，镇建委台账进行抽查，抽查结果作为对后续服务工作的考核，对弄虚作假、服务不到位的单位直接解除合同。镇财政所跟踪、监控资金的全程使用，镇纪委加强对资金使用的监督，严禁违规使用。三是发放《南郊镇农村无害化卫生厕所便民服务卡》，让农户清楚找谁抽粪、找谁维修、卫生厕所使用注意事项等。

③村容村貌改造

前辛庄村对村民集中居住区进行改造规划，同时积极发动群众力量，改变卫生习惯，全力投入农村人居环境改善，主要进行以下几个方面的努力：

完善基础设施建设。对全村大街小巷进行混凝土路面改造，混凝土路面达到100%，沥青路面覆盖达到95%，让村民出行更方便；利用房前屋后村集体用地建设多处停车场约7处，让村民停车更加方便；新安装61盏太阳能双头节能灯，全村其他老旧路整修更换一遍，让全村夜晚灯光无死角照亮；自来水实现户户通，并在安装自来水入户的同时把污水排污管路一并安装完成，为村节省30万元左右的施工费；绿化种植苗木200余棵，对村内外绿化树木修剪3次，绿化覆盖率达75%以上；建设文化演艺台1处，文化广场2处，六角亭1处，长廊1处，文化大院1处，丰富村民文化；墙面粉刷4万平方米，绘画1 500平方米，建设党建一条街，让全村村貌焕然一新。

积极发动群众参与人居环境整治。前辛庄村发放倡议书100余份，针对企业和个体户下发环境整治通知，对个别村民房前屋后堆放杂物的村"两委"进行入户通知，组织党员村民代表每周六进行义务劳动清理主要街道两侧卫生，积极推行"美在家庭"，为贫困户修建爱心小路。整改村内外乱堆乱放问题6次，有效地美化和净化了农村环境，使村内外环境得到进一步提升。

积极发展新兴产业。前辛庄村引进藜麦、暹罗红宝石玉米特色种植项目，流转土地近200亩，种植藜麦70余亩，种植暹罗红宝石玉米100余亩，大获丰收。70亩藜麦与齐河康健藜麦有限公司合作加工包装并进行统一销售；100亩红宝石玉米首批采收的如期运往北京、上海、广州、深圳、合肥等地商超进行销售，并进驻省委、省政府、省委党校等机关食堂、银座、大润发等超市和各大网销平台合作销售近3万余棒玉米；为进一步确保收益，经与中国农垦集团有限公司协商，后期玉米将统一收割晾晒脱粒，提取花青素后统一销售，特色种植项目的成功为村集体经济壮大注入新的活力。

改造前的村道路

改造后的村道路

改造前的村广场

改造后的村停车场

改造前的村巷道

改造后的村巷道

改造前的村庄环境

改造后的村庄绿化与壁画

### （3）存在的问题及政策诉求

①村规民约约束力不强

前辛庄村虽然已经制定约束村民行为、规范村民生产生活的村规民约，但制定后宣传力度较小，多数村民仍然不知道村规民约的内容，更有少部分村民不知道村规民约的存在，村规民约的约束力较弱。

②人居环境整治资金来源渠道单一

前辛庄村垃圾治理、厕所改造以及村容村貌建设的资金均来源于市、县财政拨款。即使该村有部分集体经济收入，但投入到环境整治的意愿不强，一方面是因为村集体经济实力较弱，另一方面是因为农户的支付意愿不高，资金来源渠道的单一导致市、县一级的人居环境治理支付压力较大，从农村人居环境长效治理来看，需要探索多元主体共同分摊成本的运行机制。

### 8.山东省泰安市肥城市潮泉镇黑山村

### （1）黑山村基本概况

黑山村位于肥城市东北部，距离肥城市城区12千米，交通便利，地理位置优越。全村共260户860人，耕地面积1 437亩，山地面积1 100亩，是一个纯山村区，在村庄分类上属于集聚提升类村庄。按照计划建设村规划要求，黑山村立足实际，坚持"党建引领促发展，挖潜资源兴产业"的工作思路，以组织振兴引领乡村振兴，以升级美丽乡村示范村创建为抓手，通过党员亮身份、亮承诺，激励争先进作表率，全力打造"看得见山，望得见水，记得住乡愁"的美丽乡村。

### （2）黑山村人居环境整治的做法与成效

自推行人居环境整治以来，黑山村根据该村地形地貌，制定了人居环境整治规划，通过村居统一规划、生活垃圾分类治理、厕所污水一体化改造等措施，黑山村人居环境面貌焕然一新。

①农村生活垃圾治理

推行生活垃圾分类试点工作。黑山村自确定为肥城市农村生活垃圾分类和资源化利用示范点以来，高度重视农村生活垃圾分类处理工作，构建形成"户分类、村收集、镇转运、市处理"的农村生活垃圾治理体系，基本实现城乡环卫一体化。在垃圾分类过程中推行"一次分类、二次分拣"模式，由于大多数农户有将可回收垃圾收集卖钱的习惯，因而农户按照厨余垃圾和其他垃圾二分类进行分类投放即可，再由保洁员进行二次分拣，二次将可回收垃圾和有害垃圾分拣出来。生活垃圾分类收集后转运至中节能（肥城）生物质发电厂、生活垃圾焚烧发电厂、固废综合处置中心、标准化垃圾堆放点、标准化固废垃圾堆放点等地点进行处理和资源化利用。所有运行费用均由政府专项资金负责。

生活垃圾分类收集箱

生活污水一体化处理设备

②农村生活污水治理与厕所改造

污水治理＋厕所改造，实现生活污水一体化处理。为加快推进美丽乡村建设，不断改善农村人居环境，潮泉镇因地制宜实施农村生活污水一体化处理工程，在安装污水处理设施的同时改造厕所，既实现污水分散处理，也实现旱厕改水冲式厕所的目的。由每一户安装一个小型的一体化污水处理设备，可供每户3～5口人日常使用，日处理量可达0.3立方米，可处理厨房用水、洗澡水、厕所污水等，处理后的水可达到国家一级标准。该小型一体化设备分为5格式处理，由沉淀桶、一立方处理器、清水桶构成，首先污水进入沉淀桶初步沉淀稀释，然后进入一体化处理器净化处理，处理后的水进入清水桶。一体化处理器分为缺氧池、厌氧池、好氧池、清水池四部分，处理器内采用倒置 $A^2/O$ 和接触氧化法工艺的基础上，通过在降解反应器内添加一定优化配置的生物强化菌剂，对污染物进行高效降解，将有机物分解为水和二氧化碳，氨氮分解为氮气，从而达到处理效果。经一体化设备处理后的水直接作为绿化带的浇灌用水。该一体化处理设备占地面积小，施工简单，使用寿命长，低耗能，处理后的污水可直接绿化灌溉，节省清洁能源，实现家庭内循环。该小型设施的建设成本为6 000元，由政府出资；设备运行和维护费用约30元/月，由农户自行承担。按照"上级奖补、村级配套、百姓参与"的模式，新村85户全部配备污水一体化处理设施。

③村容村貌改造

黑山村坚持规划引领先行，自开展人居环境整治以来先后投资900余万元，在村容村貌改造中主要从以下几个方面进行建设：

坚持规划先行。聘请山东农业大学规划设计团队编制村庄乡村振兴详规，规划建设"两轴两心五区"，即以新村南北街为主线的山村特色风貌主轴、以北部生产为主线的田园休闲次轴；以新村为主的现代人居示范核心、以旧村为主的老村特色风貌核心；以祥泰苹果园为主导的苹果种植产业区、以东部山林为主的生态林区、以樱桃核桃为主的特色林果产业区、以高端苗木花卉为主的特色苗木基地、以小麦玉米种植为主的主粮产业区。

深入实施硬化、绿化、亮化、美化、净化"五化"提升工程。村庄道路硬化完成9 800平方米，实现全域"三通"栽植各类绿化苗木4万余株，达到"四季常绿、三季看花"的效果；集中用力打造各类特色景观10余处，美化墙体6万平方米，扮靓村庄"颜值"，同时健全环卫长效保持机制，建设宜居舒适的美丽乡村。

加速产业融合。立足山区实际，依托生态优势，制定产业振兴"三步曲"。首先，培强特色林果产业，先后引进祥泰苹果、黑山庄园等农业示范项目，发展苹果、核桃、奇异果900余亩，打造林果专业村。其次，做优苗木花卉产业。采取自愿、协商的方式对群众的土地进行合理流转，引进大户连片承包培育花卉苗木，苗木花卉种植规模达到800亩。再次，发展乡村旅游产业。重点打造黑山旧村母子泉水库景观带，发展民宿、餐饮、休闲垂钓等项目，做大特色乡游、进一步加快农业旅游业产业融合，推动黑山村产业振兴。

改造后的村居现状

**（3）存在的问题及政策诉求**

①没有实现垃圾分类处置

即使黑山村已经推广实施农户垃圾分类，且按照二分类标准，大多数农户能实现分类，但农户垃圾分类后并未实现垃圾的分类处理，厨余垃圾易腐烂，容易发臭，不适合远距离转运集中处理，容易造成二次空气污染，影响村容村貌整体环境。

②农户分摊环境整治成本的意愿不强

黑山村垃圾治理、厕所改造以及村容村貌建设的资金均来源于市、县财政拨款，尤其是生活污水、厕所改造一体化设备建设的成本高，农户支付的意愿较低。即使在已经建成设备的农户，由于运行费用较高，也存在设备不运行的情况。

**9. 贵州省贵阳市白云区沙文镇靛山村**

**（1）靛山村基本概况**

靛山村位于沙文镇西北处，东临马墓村，南和西两侧均与麦架镇青山村相连，北与修文县扎佐镇高仓村接壤，地处丘陵区。距镇人民政府7千米，距区行政中心10千米。全村总面积6.7平方千米，有村民组3个共93户、330人，其中党员13名，含预备党员1名，属集聚提升类村庄。全村森林覆盖率99%，并有大量硅资源，村民主要经济来源为林下养殖野山羊、土鸡、林下种植食用菌等。

**（2）农村人居环境整治的典型做法与成效**

靛山村在近几年的农村人居环境整治过程中，取得显著成效，形成一些典型做法与经验：

①农村生活垃圾治理

靛山村生活垃圾采用"户收集、村集中、乡转运、区处理"的模式，全部纳入白云区垃圾收运体系。在村庄保洁方面，聘用固定保洁人员2人，主要负责村庄的日常保洁和垃圾转运收集，结合临时聘用人员做规模保洁活动。在垃圾清运方面，保洁员负责将垃圾桶内生活垃圾转运到垃圾箱集中，再由清运公司统一转运到中转站。靛山村共计设置塑料垃圾桶23个，发放人居环境宣传品（垃圾篓）50个，放置车载式垃圾箱4个，实现生活垃圾清运服务全覆盖，并确保全村生活垃圾日产日清。2020年累计清运生活垃圾59吨，取缔垃圾池3个，清理村庄公路边沟12千米，开展村庄清洁行动大扫除活动5次，垃圾清运方面投入经费6万余元。

村内垃圾收集点　　　　　　　　　　　　污水沉淀池

②农村生活污水处理

靛山村实行雨污分流制，雨水通过道路两旁边沟排出，生活污水通过污水处理站处理后达标排放。2017年实施生活污水处理基础设施建设项目，靛山村红房组、大竹山组和金家山组分别修建污水处理设施1座，3座污水处理站污水日处理能力均为30吨。

③农村厕所改造

靛山村户厕改造采用"三格式水冲厕"模式，2019年完成户厕改造6户，2020年完成户厕改造42户，户用卫生厕所普及率达到95%以上。2020年新建公厕1座，占地面积约410平方米，已竣工。

④村容村貌整治提升

靛山村实施基础设施建设项目，总投资约1 200万元，主要建设内容包括房屋立面整治109户、村民活动中心广场提升改造4 000平方米、村寨道路提升改造2 000米、污水垃圾治理1项等。2020年实施"千村整治·百村示范点建设项目"，总投资约200万元，主要建设内容包括庭院美化83户、垃圾斗4个、村庄绿化美化、修建文化指路牌等。此外，靛山村积极进行道路建设，通过区交运局统一实施，投入128万元修建"组组通"道路1.589千米，投入1 300万元修建县道9.12千米。

整治后的民居与村庄环境

### （3）存在的问题及政策诉求

①存在"重点轻面"问题，面源污染问题治标不治本

靛山村部分村民受落后观念的影响，环境卫生意识不强，导致一些村组卫生保洁工作不到位，生活垃圾未得到有效治理，"脏乱差"问题依旧存在。后期应进一步加强对村民的宣传教育引导，强化村民卫生健康意识，杜绝垃圾乱扔乱丢。

②村民主体作用发挥不充分

多数村民参与环境整治的主动性和积极性不高，大多认为环境治理是政府的事，村庄环境整治的内生动力不足。下一步应逐渐探索建立村民参与环境整治机制，通过逐步让村民投工投劳强化村民主人翁意识。

③垃圾分类制度体系不完善

目前，靛山村虽然垃圾治理方面取得明显成效，村庄基本实现干净整洁，但垃圾分类工作还未开展，村庄未配备分类垃圾桶，农户垃圾分类意识不强，只是简单将所有生活垃圾投放到垃圾桶内，对后续垃圾的处理及可回收物的回收利用带来困难。

### 10.贵州省遵义市凤冈县进化镇临江村

#### （1）临江村基本概况

临江村地处凤冈县城南18千米，距进化镇5.5千米，行政区面积36.4平方千米。全村辖32个村民组，总户数1 485户，人口6 353人，2019年全村集体经济约为50万元，人均收入1.7万元。临江村依托资源和区位优势，以村党总支部为主导，立足村情实际，整合资源提效益、村企联合带发展。依托境内国家AAA级景区九龙养生园、秀水旅游度假景区、秀竹庄园等旅游景点，按照"土地向产业集中、农民向园区靠拢、产业向旅游转化"的发展思路，通过乡村旅游、土地经营、能人带动的模式发展壮大村级集体经济，形成独具特色的"临江模式"。

近年来，临江村以"清洁村庄助力乡村振兴"为主题，以党建引领，党员和能人示范带动，加快提升村容村貌、改善农村人居环境，建设百姓富生态美的多彩贵州宜居乡村。先后荣膺第四届"全国文明村镇"、入选全国乡村治理示范村名单和第二批国家森林乡村名单。

#### （2）农村人居环境整治的典型做法与成效

①农村生活垃圾治理

临江村生活垃圾实行"村收集、镇转运、县处理"模式，村内环境卫生由村民和保洁员共同负责，村民将自家生活垃圾投放至垃圾桶中，保洁员对道路和公共区域进行清扫保洁，并由垃圾转运车转运至凤冈县，最终由凤冈县收集后集中转运至德江县进行焚烧发电。有效确保了农村生活垃圾日产日清、桶装化收集、密闭式运输，以及减量化、无害化和资源化处置。全村配备有5名保洁员，其工资全部由县财政资金承担。

生活垃圾集中收集点

生活污水生态处理设施

②农村生活污水治理

在农村生活污水治理方面，临江村立足人口聚集程度、污水产生规模，对村庄内雨水和生活污水进行分流，修建排水明沟、暗沟，并全部硬化做防渗处理。临江村居民居住相对集中，村中生活污水采用集中收集处理模式，农户家庭产生的生活污水通过地下管网流入村中建设的两座污水处理站中进行处理。两座污水处理站均由政府财政资金投资约600万元建设，每座污水处理站每月运行费用100余元，由村集体经济承担。

③农村厕所改造

临江村按照上级部署，紧密结合农村生态生产生活实际，因地制宜、科学推进农村改厕行动。全村厕改采用三格式水冲模式，厕所粪污通过三格化粪池处理后接入污水管网，并流入村中污水处理站进行再处理，从而实现无害化处理及达标排放。改厕成本约为3 000元/座。

④村容村貌提升

临江村作为遵义市"四在农家·美丽乡村"升级示范点，投入资金500万元。围绕"和善仁孝"的地方特色文化，打造出"五点两面一线"一步一景的别致新农村景观。"五点"即九龙广场、和善广场、农耕博物馆、古龙井、水车碾坊，"两面"即寨内农居新面和寨外田园风光面，"一线"即九龙青石精致步道。

水冲式卫生厕所

统一规划村居

生活文化广场

临江村环境整治效果

临江村村委会结合该村实际，采取抓统筹谋划、抓宣传引导、抓创新举措"三抓"形式，镇村干群参与，农村人居环境取得了一系列明显成效。临江村在"自治、德治、法治"相结合的乡村治理体系基础上，充分调动村民参与村级事务管理工作的积极性，共建美丽乡村。目前临江村已建成生态良好、环境宜人、村容整洁、干净舒适的新农村，人居环境得到大幅改善。

**（3）存在的问题及政策诉求**

①农村生活垃圾分类治理有待完善

受地理区位及农民整体素质的制约，目前临江村虽已做到生活垃圾集中收集、集中处理，但并未开展生活垃圾分类处理模式。

②缺乏长效运行机制

需完善农村人居环境整治长效管理机制，落实责任单位和资金来源，或通过采取购买服务方式，委托第三方专业机构运营管理，以保证设施的物尽其用，避免不必要的损失和浪费。

**11. 贵州省黔东南苗族侗族自治州丹寨县扬武镇联盟村**

**（1）联盟村基本概况**

扬武镇联盟村距离县城6千米，毗邻金钟开发区，总面积3.557平方千米，辖3个自然寨10个村民小组，共有421户1 741人，其中，苗族占总人口的99%，是典型的少数民族村。联盟村自然条件较好，地形复杂，村庄分类属于集聚提升类村庄。该村旅游资源丰富，有20世纪60年代留下的人工隧道，有年轮500年以上的古树等，具有发展乡村旅游产业的优势。2019年联盟村集体收入35万元，每人分红80元，村年人均收入约4 000元。随着人居环境整治行动的开展和村民环境保护意识的提高，联盟村人居环境水平进一步提升。

**（2）联盟村人居环境整治的做法与成效**

联盟村作为少数民族村寨，在人居环境整治过程中充分挖掘当地特色和民族文化，积极引导广大群众参与村庄环境整治，以典型示范引领，激发村民内生动力，逐步在全村形成"讲究卫生，爱护环境，人人参与，共建共享"的良好氛围，助力农村人居环境整治。

①农村生活垃圾治理

联盟村生活垃圾实行"村收集、镇转运、县处理"模式，实行城乡环卫一体化。村内环境卫生由村民和保洁员共同负责，村民将自家生活垃圾投放至垃圾桶中，由乡镇环卫每3～5天收集、清运1次。保洁员对道路和公共区域进行清扫保洁，并用手推垃圾车将垃圾桶中的生活垃圾转运至勾背垃圾斗中，最终由丹寨县收集后集中转运至凯里市进行焚烧发电。有效确保农村生活垃圾日产日清、桶装化收集、密闭式运输，以及减量化、无害化和资源化处置。自开展生活垃圾治理以来，联盟村完成购置垃圾清运车1辆、可装卸式垃圾清运箱6个，对村庄的清扫、管护形成常态化。所有的基础设施配备和运行维护费用均由政府专项资金负责。

②农村厕所改造

联盟村全面开展厕所革命宣传工作，动员群众积极主动改厕。在改厕过程中，要求农户改造为三格式水冲厕所，化粪池为"砖砌＋水泥粉面"筑成，密闭浅埋于地下，经化粪池处理后的粪污可直接用作农家肥还田，不仅能有效解决粪污"处理难"的问题，也能实现资源化利用，减少农业生产成本。由于当地村民的卫生习惯良好，翻修房屋时就已经把厕所改造考虑在内，因而需政府改造的旱厕占比较小。自实施厕所革命以来，村集体对需要改厕的农户进行筛选和排查，共改了30户，每户厕所的改厕成本在3 000～6 000元，其中，政府补助2 000元，由政府统一验收，补助验收后发放。

③村容村貌改造

联盟村从基础设施建设和长效运行维护机制两个方面入手，推行村容村貌改造。

一是夯实基础设施建设。联盟村修建村生活文化广场1处、道路100%硬化、绝大部分路旁实现亮化和绿化。

二是规范村庄环境面貌。积极配合拆除影响村容村貌的危房、村组干道两旁搭建的破旧厕所，彻底清除废墙，不在门前屋后乱搭乱盖。房屋周围为各户卫生责任区，要定期对责任区和屋内、庭院进行彻底打扫清洁，及时清除杂草和卫生死角；不得在房前屋后、村组干道两旁和村公共场所杂乱堆放农具、建筑材料、柴草等；落实门前"三包"（包卫生、包秩序、包绿化）责任制，生活垃圾定点存放；大人要给小孩作表率，不要在公共场所乱吐痰、随地乱丢纸壳、烟头、果皮、辣子片等小食品垃圾，教育孩子从小养成垃圾要放垃圾桶或垃圾袋的良好习惯；杜绝垃圾乱扔、粪便乱排、柴草杂物等乱堆乱放现象。

三是建立长效运行机制。按"十户一体"积极参加卫生活动，参与和支持农村环境卫生改造，养成良好的卫生习惯。村清洁风暴领导小组对清洁工作进行检查，以"十户一体"为单位召开一次评议会议，对"十户一体"环境卫生工作好、中、差进行评议，对评为差的挂黄牌，连续两个月摘不掉黄牌的当年不享受村里的政策待遇。

村庄人居环境一瞥

### （3）存在的问题及政策诉求

①生活污水治理有待提升

联盟村尚未建设排污设施，污水直排和垃圾渗透影响村民饮水、农业种植等。联盟村3个自然寨，居住较为集中，房屋密集，村寨民房无规划、无设施，生活污水无处可排。多年来，生活污水均是直接排放，加上地势相对平坦，污水流淌不畅，村民常年被污水困扰，污水平时渗透，下雨就直接冲到下游的田地和水井。除干坝寨子居住地势较高外，羊尧、羊烈两个寨子共有436户居住地势较低，田地、饮水点均在水沟边，常年被生活污水污染，严重影响田地耕种。

②垃圾分类推广难度较大

联盟村正在试点推行垃圾分类，但困难较大，一是因为相关硬件设施有待补充完善，即使实现了源头分类，但在转运和处理的后续工作中并未做到分类；二是因为农户的思想意识有待提高，即使已经开展宣传工作，诸多农户仍然不知道垃圾分类这一概念，由于原来的习惯使然，村民的垃圾分类意识不强。

### 12. 甘肃省天水市清水县黄门镇硖口村

#### (1) 硖口村基本概况

硖口村位于清水县东北部，地形地貌属山地丘陵，距离黄门镇约2千米，是天水市农村人居环境整治示范村，村庄分类属于集聚提升类村庄。硖口村共有3个自然村和4个村民小组，255户农村家庭，共1 235人，在村常住人口1 100人左右，村耕地面积2 236亩。2019年硖口村集体经济收入约2.1万元，人均收入约14 200元。近年来，硖口村以建设环境优美整洁村为目标，采取多项措施，大力推进农村人居环境整治，彻底改变过去村庄乱、垃圾多、环境差、群众穷的落后面貌。

#### (2) 硖口村人居环境整治的做法与成效

近年来，硖口村以建设"美丽宜居乡村"为目标，立足实际，积极推进农村人居环境整治，取得了较好成效，主要从以下几个方面进行整治。

①农村生活垃圾治理

以农村垃圾处理为落脚点，推进垃圾分类回收和就地处理。在农村垃圾处理方面，硖口村从分类收集设施建设、分类引导、回收处理、环卫配备以及长效运行机制建设等几个方面，总结出"户分类、村收集、镇处理"运行模式，最大限度地实现农村垃圾的减量化和无害化处理。其一，抓分类设施，硖口村推行垃圾分类制度，配备户分类垃圾桶165套，分类垃圾收集桶32套，购置垃圾清运车、铁锹、扫帚等环卫工具；其二，抓回收处理，引导农户分类收集餐厨垃圾、可回收垃圾和不可回收垃圾，建设分类垃圾投放点5处，开挖垃圾填埋点3个，建筑垃圾堆放点1处，柴草集中堆放点1处，有机垃圾沤肥点1个，实现部分垃圾就地资源化利用；其三，抓长效运行机制，硖口村实行片区卫生"巷长"负责制，小巷道卫生"户长"负责制，即行政村设立环卫室，自然村设

建筑材料堆放场

有机垃圾沤肥点

"巷长"，按群众居住片区设"户长"，组建了保洁队伍，全面落实"日清扫、周清运"的绩效考评和督查"一票否决"管理机制，同时，碛口村制定村规民约，落实农户门前"三包"责任，形成群众人人参与环境卫生整治，人人爱护环境卫生的浓厚氛围，农村生活垃圾和生产垃圾得到了有效治理。

②农村生活污水治理

建设"三纵四横"污水收集渠网，推进"三级沉淀"无害处理。碛口村污水处理站于2019年3月建成并投入使用，由第三方企业——基亚特环保科技有限公司建设、运行和维护。用于收集处理碛口自然村90户430人的日常洗菜、洗衣、洒扫庭院等产生的生活污水。一方面，碛口村加大沟渠疏浚力度，建成横贯村部的三纵四横的排污渠网；另一方面，建设三级沉淀池，选取村庄最低点建设沉淀池，将村庄内污水收集进沉淀池，再通过"三级沉淀"，污水净化后浇灌农田，沉淀渣沤肥二次再利用。居民日常生活产生的洗浴和厨房用水经管网收集后进入污水站。污水站由一体化设备和生物滤池组成。污水首先进入一体化设备的调节池，进行水量调节和水质均化，然后进入一体化设备中的沉淀池，污水在沉淀池中对来水中的悬浮物进行去除后自流至生物滤池。生物滤池内的滤料和植物对来水中的污染物质进行吸附和吸收。在池内不同微生物的新陈代谢作用下，去除废水中的有机物、氮和磷等污染物。碛口村污水处理站的总设计规模为0.4吨/天，出水稳定达到一级B标准后排放。

同时，碛口村因地制宜，对不同村部的污水处理设施分类施策。在旧村方面，进一步完善旧村的污水处理设施，彻底解决了旧村臭水沟的问题；在新村方面，建成雨污分流的排水排污管网，雨水经管道直流进河道，污水排进地埋式沉淀池进行处理。如今，碛口村生活污水收集处理率高达80%。

碛口村生活污水处理沉淀池

改造后的公共厕所

③农村厕所改造

以旱厕改造为切入点，推进卫生厕所建设。硖口村地处川郊地带，旧厕以灰土坑为主，群众卫生习惯较差。2018年以来，硖口村依托全县卫生改厕项目，先后分两批改造农村旱厕91户，其中，新建双瓮漏斗式厕所67户，改造三格式水冲卫生厕所24户。硖口村在改厕方面坚持"先建后补，群众参与"的原则，实行统一采购、统一招标、统一施工、统一验收、统一核算的"五统一"方式，动员群众积极投工投劳投资。据测算，每户卫生旱厕的改造成本约1 600元，改厕均由政府出资。厕所改建后，运行、维护和管理均由农户自行负责，旱厕的粪便由农户定期清运，一般作为有机肥料直接用于农作物底肥，不仅彻底解决了农村厕所苍蝇蛆虫滋生的环境污染问题，也实现了粪污的资源化利用。

④村容村貌整治

以"干净整洁有序"为目标，切实推进村容村貌整治。硖口村在推进村容村貌整治过程中，依托美丽乡村建设，积极调动农户参与环境建设的积极性，重点治理"八差"，推进"两点三场"建设；完善道路、路灯、绿化、娱乐文化设施和生活文化广场等公共服务基础设施；除此之外，还打造文化墙，不仅宣传了体现时代特征的文化理念，也成为村容村貌建设的一大特色。

一是以"八差"治理为重点，推进"两点三场"建设。针对村庄柴草乱堆、垃圾乱倒等问题，规范建设柴草堆放场、建筑物料堆放场、建筑垃圾填埋场和垃圾投放点、可腐烂垃圾沤肥点等"两点三场"共9处。广泛发动干部群众开展村庄环境卫生综合治理，建立包干责任制，由帮扶队员从户内到户外，督促全面清理柴草、粪便、木料、石块乱堆乱放行为，共动员劳力160多人次，出运机械6台，利用一周时间，集中将所有垃圾、物料按类别运送至各场点，从根本上解决农村"乱堆乱放"的陈规陋习。

二是在完善公共服务上展现新面貌。硖口村紧盯村户脱贫指标发展谋划，建成占地面积3 200平方米的文化广场和2 200平方米的花园节点、安装健身器材6套、太阳能路灯30盏、改造土围墙681米、粉刷涂白墙面650平方米、栽植绿化苗木13 000多株、拆除空心院23户、修理边沟渠806米、种植绿化树种15 600株。通过公共基础设施的改造和建设，硖口村村庄面貌焕然一新，人居环境得到极大改善。

三是打造文化墙，宣传体现特色的文化理念。在粉刷涂白墙面的基础上，硖口村通过壁画的形式，宣传保护环境、崇尚科学、追求法治等体现时代特征的先进理念，打造出别具一格的硖口村村容村貌。

硖口村人居环境一瞥

### （3）存在的问题及政策诉求

#### ①个别农户参与环境整治积极性不高

推行农村人居环境整治是一项提升居民生活水平的美丽工程，硖口村仍存在个别农户参与积极性不高的问题。一方面，由于原有的生活卫生习惯使然；另一方面，部分农户接受新理念还需要一个过渡时间。

#### ②村级环境资金投入意愿不强

硖口村垃圾治理、厕所改造以及村容村貌建设的资金均来源于市、县财政拨款。垃圾集中处置由县、镇专项资金，生活污水治理由政府出资购买基亚特环保有限公司服务，厕所改造和村容村貌整治均有专项资金。即使该村有部分集体经济收入，但投入到环境整治的意愿不强，一方面是因为村集体经济实力较弱，另一方面是因为农户的支付意愿不高，资金来源渠道的单一导致市、县一级的人居环境治理支付压力较大。从农村人居环境长效治理来看，需要探索多元主体共同分摊成本的运行机制。

### 13.甘肃省武威市民勤县重兴镇红旗村

#### （1）红旗村基本概况

自20世纪90年代末、21世纪初，因地下水位下降及上游来水减少直至断流，位于红旗村西的新河干涸，之后经过近20年红旗村群众生产生活垃圾及湿地公园乔灌木枯枝败叶堆积，新河成为一条"垃圾河"。为彻底改造这一现状，红旗村按照市、县、镇"全域生态文明建设"和创建"全域无垃圾治理"总体要求，靠生态理念引领治理，用绣花功夫打造精品，聚焦突出问题，精准发力落实，对红旗村环境卫生，特别是新河沿线环境卫生进行彻底整治，取得显著成效。与此同时，红旗村依托平坦地势、昼夜温差大等优势地理条件，打造"民清源"绿色农业产业，成为西北地区绿色农业引领人居环境整治的典型案例。

**（2）农村人居环境整治的典型做法与成效**

①农村生活垃圾治理

以景区为中心，辐射带动生活垃圾治理。红旗村秉承市、县、镇关于垃圾治理的总体要求，集合人力财力对红旗村农村垃圾以及新河沿线垃圾进行大力治理，按照县委政府环境卫生整治免检村要求，红旗村组织群众集中开展环境卫生整治，严格落实环境卫生保洁制度，落实网格化管理，并按照每20户1个垃圾箱配置壁挂式垃圾箱20个，由镇政府集中拉运至镇区垃圾中转站压缩处理后转运至县城集中处理，真正实现"户分类、镇转运、县处理"。红旗村共清运填埋陈年垃圾1.7万立方米，打包秸秆1.2万捆，清理木柴960余立方米，使新河沿线面貌焕然一新，也使得湿地公园景观魅力再现。

②农村厕所改造

因地制宜，建设维护责任分摊，持续推进改厕工作。红旗村厕所改造模式秉持因地制宜、尊重农民意愿的原则，选择更适宜当地自然环境条件的三格式水冲厕所为主，农户认可程度较高。改厕费用方面，农户改厕基础设施建设费用约为2000元/户，由政府承担初期建设费用，农户经济压力较小，改厕工作推进顺利。厕所后期维护方面，由农户个体全权负责，三口之家大约半年时间进行一次粪污清淘，清淘工作人员由镇上统一雇佣，清淘费用约30元/次，由农户承担，据农户反映清淘粪污极为方便。改厕工作的顺利推进极大地改变红旗村的人居环境，改变传统旱厕脏乱差的旧状，提升了农村居民生活质量。

③村容村貌整治

红旗村西濒湿地公园、石羊河，北眺红崖山水库，具备发展旅游产业天然的地理优势，按照市委、县委打造"全域旅游"的战略构想，以原新河沿线区域及红旗村四社旧农庄为载体，打造"红旗谷"生态旅游村，并将景区纳入县域石羊河国家湿地公园和红崖山环库旅游的大规划中，着力建设"环库骑行·红旗出发"和"湿地游玩·红旗享受"的大景区综合服务精品节点。坚持"修旧如旧、古朴典雅"的理念，重点围绕"鱼"的特色，认真做足"吃"的文章，合力将"红旗谷"建设成为集"风貌展示、休闲度假、果蔬采摘、综合服务"为一体的特色旅游村。

　　2018年以来，红旗村结合县扶持村级集体经济试点项目，在红旗村大力推进"三变"改革试点工作，成立红旗部落生态旅游开发有限责任公司，以"红旗谷"新建完成的广场、停车场、钓鱼池、摸鱼塘、游乐场、户外拓展训练中心、游客接待中心、旅游公厕、13户农家乐、295亩日光温室以及在建的游乐场、划船池以及给排水官网等设施折资入股，引进县农发公司、百牧旺生态农业科技发展有限公司等经营主体，助推"三变"改革落地有声。目前，红旗谷景区已完成绿化美化，五彩菊园、林果采摘园、"我家的菜园子"以及部分供港蔬菜基地整理打造完成。

民清源农业产业园

红旗村人居环境效果图

### （3）存在的问题及政策诉求

①垃圾分类工作需进一步开展

红旗村作为乡村特色旅游产业带动型村庄，在垃圾分类处理方面仍可进一步推进，虽然已经做到垃圾集中处理，但是由于每年游客量较大，因此垃圾产生量相比其他类型村庄较多，应当从源头上配置垃圾分类收集桶，健全垃圾分类的基础设施，并配置垃圾分类标准的有关宣传墙纸壁画，提高农户及游客垃圾分类意识，实现农村生活垃圾的剩余价值。

②发挥产业带动作用

红旗村应当积极发挥产业带动作用，由红旗谷旅游收入带动村容村貌发展，以产业带动周边农户收入增长，如发展农户地摊经济、积极创办农家乐、农村采摘体验等农村特色旅游产业，运用产业创收带动红旗村村容村貌改善，吸引更多游客，形成良性循环。

## 14. 甘肃省庆阳市合水县段家集乡王庄村

### （1）王庄村基本概况

段家集乡王庄村位于合水县城东南部，距离县城10千米，全村共有8个村民小组，638户农村居民，共2 503人，耕地面积4 980亩，属山区地形，在村庄分类上属于集聚提升类村庄。王庄村农民收入以种养、务工为主，文化广场面积2 000平方米。近年来，王庄村以习近平总书记"两山论"理念为指导，大力开展人居环境整治工作，努力将生态优势转化为经济优势，依托画廊景观、民俗文化、葡萄产业、美食民宿发展全域旅游，建成"十里画廊"风情线，成为新的"网红打卡地"。

### （2）王庄村人居环境整治的做法与成效

近年来，王庄村坚持把改善农村人居环境作为落实习近平总书记生态文明思想的重大举措，作为事关经济整治方案总体要求，因地制宜、因户施策，全域推进农村人居环境持续改善，持续增强农民群众的获得感、幸福感，为乡村振兴打下坚实基础。

①农村生活垃圾治理

基于数字化管理措施的垃圾革命。王庄村垃圾革命以"减量化、资源化、无害化"为目标，实施"户分类、组收集、村转运、县乡处理"的生活垃圾治理模式。在农户层面，农户将生活垃圾按照可回收、不可回收、餐厨垃圾和有害垃圾标准进行四分类，农户将生活垃圾投放至村集中收集点。保洁员的任务：一是负责道路等公共区域的环境卫生；二是对所收集的垃圾进行二次分类；三是运用转运车将所收集的生活垃圾转运至垃圾转运站。由转运站将生活垃圾送至填埋场填埋处理。自开展垃圾革命以来，王庄村共投放垃圾桶120多个，建成垃圾转运站1处，在村部、新农村和良好生活习惯的农户中投放分类垃圾箱57套，基本确保群众百米范围内有垃圾收集设施，基本做到户收集、保洁员拉运、集中统一处理，基本实现农村人居环境整治目标。同时，王庄村依托合水县创建的农村人居环境整治信息监管平台，对村域保洁状况、保洁员工作动态进行全时段、无死角监控，运用"监管平台、摄像头、智能手机"大数据手段建立"远程巡查、任务指派、清理反馈"数字化管理模式，基本实现"问题随时查、垃圾日产日清"的目标。

环卫保洁和转运车

新建无害化生态旱厕

②农村厕所改造

"统一设计、统一购料、统一施工、统一验收、统一维护"的"五统一"厕所改造流程。王庄村距离县、镇距离较远，尚不能将厕所排污接入污水处理系统，因而，在厕所改造中主要推广三格式水冲厕所。自改厕以来，王庄村共建成卫生厕所159座。为减少粪污抽运次数，进而降低厕所运维成本，王庄村使用的化粪池容积均在1.8立方米以上，厕所粪污由村统一清淘，每抽取一次吸污费为30元。据测算，四口之家正常使用的情况下3个月抽取一次，费用由农户自行负责。在改厕的奖补政策上，王庄村也按照"统一设计、统一购料、统一施工、统一验收、统一维护"的五统一流程进行验收，对验收合格的农户由财政统一补助1 600元，基本能够满足改厕费用。

③村容村貌提升

打造"十里画廊"景观，探索环境整治新思路。为做好农村人居环境综合治理工作，王庄村"两委"班子召开专题会议，对全村人居环境综合治理工作进行了全面部署，并为各村民小组下达了工作任务。同时村里成立了由支部书记任组长的人居环境综合治理领导小组，明确责任分工，切实担负起组织、指导、协调、宣传、检查等各项职责。

一是加强领导，科学规划人居环境综合治理格局。领导小组成员分组负责，每周对各村民小组人居环境综合治理工作进行检查，随时通报情况，发现问题及时解决，保证人居环境综合治理工作不留死角，顺利开展。同时，在全村采取张贴宣传标语、发放宣传单等手段，将环境综合治理的目的、环境治理工作中涌现出的典型事例宣传出去让群众家喻户晓，支持环境卫生综合整治工作，为农村人居环境综合治理工作的开展创造一个良好的舆论氛围。

二是突出重点，扎实高效推进美丽乡村建设。以王庄村葡萄产业文化创意示范园为中心，绘制了"高天厚土、葡萄之乡"的发展蓝图，确定了美丽乡村"123456"发展思路，抢抓省道318路全面贯通的有利条件，在王庄村建成了省道318线十里画廊风情线，栽植红叶李1 800多株，涂白美化墙面3 700平方米，破除残墙断壁、危旧房屋、三堆五乱137处，硬化入户道路3 400平方米。采取微地形的方式，错落有致种植百日菊等花卉3 700平方米。根据沿路地形地貌建设工艺墙1 340米，栽植绿篱带2 350米，彩绘墙面120平方米。创建美丽庭院57户，民宿2家，农家乐3家。新建幸福列车、知青文化大院等小微景观12处，形成处处如画、步步成景的画廊景观。

三是破解难题，探索农村人居环境长效机制。一是积极探索新时代文明实践的有效途径，运用政策宣讲、评先选模、物质奖励等多种措施强化实践养成。修订完善村规

农村人居环境整治效果图

民约和文明卫生庭院评选办法，开展"美丽庭院""好媳妇""好村民"评选活动。聘请义务道路交通管理员4名，矛盾纠纷调解员3名，红白理事会成员6名，使其成为村级事务的参与者、实施者、监督者，教育引导群众向好向善，鼓励传统美德，革除陈规陋习，培育良好家风、淳朴民风。二是建立健全各项规章制度，实行精细化、网格化管理，探索红黑榜、物质奖励、精神激励等多条路径，建立"112233工作机制"让群众遵规守纪，巩固既有农村人居环境整治成果，奋力谱写美丽乡村新篇章。

### （3）存在的问题及政策诉求

#### ①部分群众环保意识不强

部分群众对长期以来形成的乱扔垃圾、乱倒污水等恶习虽然有所转变，但坚持的不够好。自觉意识不够强，导致环境整治难度大、易反复，无法从根本上解决问题。应该继续加强生活垃圾分类宣传与培训，进一步制定和落实生活垃圾分类管理体系，提高村民环境保护意识。

#### ②治理环境保障力度不够

环境治理工作需要大量的人力、物力、财力投入，而投入不足是我们治理过程中的一大软肋，因为经费欠缺，所以在环境卫生整治上总是有些顾虑。加之近年来各类督导检查络绎不绝，保洁员工作量倍增，公益性岗位保洁员仍然不能满足当前所需。

#### ③卫生厕所使用率较低

部分群众受传统思想束缚，对农村卫生厕所存在抵触情绪，导致卫生厕所使用率低，造成了资源的闲置浪费。

### （4）下一步打算

一是进一步发动群众参与。引导广大人民群众主动参与到农村人居环境综合治理行动中来，把群众从旁观者变成治理的参与者和监督者。充分利用全镇宣传公示栏、文化宣传长廊、QQ、微信等宣传手段，调动群众参与治理的积极性和责任感，努力营造群众积极爱护环境，打造美好人居环境。

二是进一步健全卫生保持长效机制。抓长效机制的完善落实以及保洁员队伍的建设。在保持原有保洁队伍不变的情况下，从各村低保户中挑选出部分有劳动能力的人员充实到保洁队伍。

三是进一步完善卫生监督管理机制。王庄村计划从老党员、老干部以及村民代表中选出一部分责任心强的人员，成立一支环境卫生监督队伍，对村民和保洁人员进行监督。一方面监督村民自觉爱护环境，形成良好的卫生习惯；另一方面监督保洁员认真履行自己的职责，为保洁工作打分，与保洁员工资直接相联系。

## （二）城郊融合类村庄人居环境整治典型模式

城市近郊区以及县城城关镇所在地的村庄，具备成为城市后花园的优势，也具有向城市转型的条件。综合考虑工业化、城镇化和村庄自身发展需要，加快城乡产业融合发展、基础设施互联互通、公共服务共建共享，在形态上保留乡村风貌，在治理上体现城市水平，逐步强化服务城市发展、承接城市功能外溢、满足城市消费需求能力，为城乡融合发展提供实践经验。

城郊融合类村庄人居环境整治模式图

### 1. 吉林省辽源市东丰县东丰镇今胜村

#### (1) 今胜村基本概况

东丰镇今胜村位于东丰县城区西部，距离县城1.6千米，村庄分类属于城郊融合类村庄，全村行政面积6.5平方千米，共有5个村民小组，330户农村家庭，1 145人，在村常住人口占户籍总人口的70%。今胜村以农村人居环境整治为契机，大力发展乡村民宿旅游产业，依托303国道沿线"交通廊道"周边区位优势，打造集西城区花海观赏、水利工程景观区游览、农民主题画旅游参观、农耕体验休闲、食用菌采摘、农家乐游玩等休闲、娱乐为一体的环村民宿旅游带，为市民提供一处田园风光美、乡土气息浓、文化底蕴浓厚，看得见山，望得见水，记得住乡愁的乡村旅游胜地。

#### (2) 农村人居环境整治的做法与成效

推进农村人居环境整治工作以来，今胜村实施垃圾集中收集处理；深化打造示范项目，强化典型带动作用；深入推进室内厕改；打造农民壁画墙宣传农耕文化以及新时代农业农村新风貌，农村人居环境得到有效提升。

①农村生活垃圾治理

"户集、村收、第三方企业转运、县处理"的集中处理模式。今胜村垃圾处理基础设施的建设和运行维护管理通过政府购买服务，均由桑德公司负责。在运行过程中，基本做到每8～10户居民配备一个垃圾收集点、每80～100户居民配备一名保洁员、生活垃圾每天清理一次的标准，农户将生活垃圾集中投放至收集点，由桑德公司负责转运至辽源市天元发电厂焚烧发电，垃圾集中收集、转运和焚烧发电所产生的资金均由县级财政支付。自实施农村生活垃圾集中收集处理以来，今胜村积极响应镇党委的号召，对村庄重点部位进行研判，环卫工作移交桑德公司后，在全村先后共设置垃圾箱42个，结合环境整治清理柴草垛112个，设置集中堆放点11个，并且投入资金58 000元，出动车辆7台，清理垃圾45吨。

今胜村生活垃圾集中收集点

室内厕所

②农户厕所改造

推广三格式水冲式厕所。东丰县在推行厕所改造过程中，因地制宜推广三格式水冲厕所和水源保护地的无害化卫生旱厕两种模式的改造。今胜村在推进厕所改造的过程中由农户自愿选择，政府对有厕所改造需求的农户免费提供基础设施建设。结合村屯实际情况，共对村内59户农户进行室内卫生厕所改造，均改成三格式水冲厕所，改厕率为17.9%，每户厕所改建的费用约5 000元，改建的费用均由政府承担。厕所改建后，运行、维护和管理均由农户自行负责，主要包括：定期抽粪、三格式水冲式厕所的运行和维修。据悉，正常使用的情况下，三格式水冲厕所每次抽粪的费用30 ~ 50元。抽取的粪液和粪渣由抽粪第三方负责处理，粪液一般用于直接浇地，粪渣卖给有机肥生产商生产有机肥，既实现粪污的资源化利用，也产生经济效益。

③村容村貌建设

今胜村充分发挥农民主体作用，凸显农耕文化特色。从路边绿化、围墙壁画、道路硬化与机耕路修建、生活娱乐文化广场、道路亮化等多方面展开人居环境建设，除此之外，还通过打造示范项目来强化典型带动作用。通过近5年来村容村貌的整治，村生活环境面貌焕然一新。

一是围墙壁画建设。2019年今胜村将人居环境整治同乡村振兴相结合，着力打造"农民画主题村"，投入资金200万元，新建文化墙1 358延长米，建U形边沟800米，安装57个铁大门并进行5米×5米基础硬化，新建农民画景观桥2座，将当地的传统文化、农耕文化、家庭生活、党建文化、农业企业家创业故事汇编成画、撰写成诗。

二是道路硬化与机耕路修建。今胜村争取省专项扶贫资金59万元，修建二组水泥路1.2千米。2017年争取资金300万元修建5.4千米水泥路；争取高标准农田建设项目修建机耕路6千米。2020年申报扶贫项目，在今胜村1 ~ 5组修建3.15千米水泥路。

三是生活娱乐文化广场修建。2018年，今胜村争取资金186万元建设广场及人行步道工程，主要建设"五人制"足球场、标准化篮球场、绿化广场、建设广场及700米人行步道和悬索桥一座；争取资金200万元，在二组新建铁栅栏1 420米、边沟2 158米。

四是道路亮化。2018年，由市委组织部协调县城市管理执法局为今胜村安装170盏路灯，达到村屯组全覆盖。

五是深化示范项目打造，强化典型带动作用。为进一步引导和推动群众养成科学、文明、健康的生产方式和生活习惯，发挥典型示范的辐射带动效应，今胜村深入组织开展美丽家园创建活动，打造美丽家园创建示范组，目前已创建干净人家74户、打造美丽家园58户。种植鸡冠花、黄鹤菊、美人蕉、串红、紫玉簪花卉2万余株，共同打造500平方米今胜村党建主题景观带，并结合植树节，村干部、全镇机关干部和村党员志愿者积极参与义务植树3 000棵，同时东丰镇积极发挥非公企业无职党员先锋模范作用，负责日常管护除草工作，以实际行动助推乡村振兴。通过示范农户的带动和激励作用，有效提升农户的环境意识。

整治后的村庄与示范带动户

### （3）存在的问题及政策诉求

①厕所改造运行管理维护难

从今胜村改厕情况来看，已经改厕的59户农户使用情况并不理想，一方面，因为冬天气温较低，水管容易结冰爆裂，造成维修和维护费用较高；另一方面，储粪池蓄水能力较弱，在家庭人多的情况下，储粪池使用一段时间后就满了，抽粪程序复杂且费用较高。除此以外，室内厕所不符合东北地区长期以来的农村居民生活习惯，总体来看，三格式水冲厕所的使用率不高，运行管理维护情况不理想。

②资金来源渠道单一

从今胜村人居环境治理资金来源看，该村的生活垃圾治理、厕所改造以及村容村貌建设的资金均来源于市、县财政拨款。垃圾集中处置由政府出资交由桑德公司管理，道路硬化、亮化、文化广场建设以及农民主题画均没有村集体以及农户自筹的资金支持。

一方面是因为村集体经济实力较弱，另一方面是因为农户的支付意愿不高，资金来源渠道的单一导致市、县一级的人居环境治理支付压力较大，从农村人居环境长效治理来看，需要探索多元主体共同分摊成本的运行机制。

### 2. 吉林省梅河口市李炉乡李炉村

#### （1）李炉村基本概况

李炉村位于李炉乡东南部，距乡政府5千米，辖区7.37平方千米，耕地面积5 761.8亩。全村共有5个自然屯，5个村民小组，247户，总人口1 198人，在村庄分类上属于城郊融合类村庄。自开展人居环境整治行动以来，李炉村通过自筹资金的方式投资60万元，高标准建设村级组织活动阵地，场所面积310平方米，位于李炉乡李炉村四组，文化活动广场1 600平方米。李炉村充分利用其毗邻乡镇的区位优势，充分利用各类社会资源，人居环境整治取得较大成效。

#### （2）农村人居环境整治的典型做法与成效

①农村生活垃圾治理

推行生活垃圾"二分类"，实现可回收垃圾资源化利用。李炉村村内设有垃圾桶22个，大型垃圾收集点2处，垃圾收集点保洁员4名，垃圾清运及处理工作由市政府招标公司明基公司代处理。将农村生活垃圾分为可回收和其他垃圾两类，村民按要求对日常生活垃圾进行分类，投入到相应垃圾桶中。通过村民和保洁员对垃圾进行分类投放、分类收集，再由明基公司对垃圾进行分类运输、分类处理，实现农村生活垃圾的分类化、减量化、资源化和无害化处理。目前，李炉村达到垃圾分类覆盖率100%，收运率100%。李炉村积极开展生活垃圾分类系列宣传活动，动员村民广泛参与，了解垃圾分类必要性。

分类垃圾箱和村规民约

②农村厕所改造

推广无害化生态旱厕。推行农村厕所改造以来，李炉村先后进行两批无害化旱厕改造、一批水厕改革，至2020年，共改造完成家庭卫生厕所180余户，新建改造公厕1

座。全村卫生厕所普及率95%以上，无害化卫生旱厕普及率达到85%。无害化旱厕由市政府统一购买安装，2020年市财政投入70万元左右，村集体承担维护费用5万元。目前厕改效果良好，臭味大幅度降低，农户厕所使用状况得到极大改善。

③村容村貌整治

发展庭院经济与开展人居环境整治相结合。2020年，李炉村作为李炉乡重点打造的百村示范村，新建4、5组菜园子7.2亩，木质围栏2 200米，新修5组边沟1 100米，迁移玉米楼51个，新建降解池3个，铁杖子68米。公路两侧沿线新栽大棵树大约280棵、新铺草坪绿化120多平方米、栽种各种花棵26万株，村庄内巷路15千米，村庄内巷路两侧及村庄内边沟两侧栽种各种花棵5万株、新铺草坪绿化8 500多平方米和美化环境小景观。

李炉村还把美丽乡村建设与庭院经济结合起来，积极引导广大农民以家庭为阵地、以庭院为载体，大力发展以"机关党员＋村支部党员＋种植户"为主体的庭院经济。以4、5组为试点，依据过去在院外家门口前种植小菜园子的习惯，把菜园子作为景点，从杖子、架条、标牌都统一规划、统一标准、统一制作，力争把庭院的"方寸地"建成"增收园"。庭院经济不仅可以提高农民收入，还能让农家小院变得更加整齐漂亮，给村民带来了实实在在的福利。开展家庭环境集中整治行动共拆除玉米棚4个。通过整治行

美丽庭院与干净整洁的道路

动，房屋主体、仓房、棚厦、厕所、畜禽圈舍等设施布置安置合理。墙面按照统一要求的颜色和款式粉刷防水涂料。建有标准化围墙或围栏，铁制大门涂漆。庭院内活动区域铺设步道砖或水泥硬化，柴草垛设置隐蔽或建有外观整洁的柴草棚。院内无杂物，物品摆放整齐，无乱搭、乱建、乱堆、乱挂现象。房前屋后广栽花草树林，庭院绿美化面积占庭院面积的20%。定期修剪花草，无枯枝，无虫害。

**（3）存在的问题及政策诉求**

①农户缺乏垃圾分类意识

目前李炉村村民尚缺乏垃圾分类意识，不了解垃圾分类的必要性。虽然在调研访谈中大部分农户表示愿意进行垃圾分类处理，但在实际生活中很少有农户能够真正做到这一点，垃圾分类投放收集点内频繁出现垃圾随意投放的现象。政府及村集体需加大对垃圾分类处理的宣传力度和教育培训，加深农户对垃圾分类的认识。

②水厕改造事倍功半

李炉村水厕使用率低下，仅在10%左右。由于缺少地下管网，水厕粪污排放、抽取困难，难以保证村民长期使用，大部分村民在水厕改造后仍使用室外旱厕。考虑到该地区村民生活用水才刚刚解决，短期内并不适合建造水冲式厕所。

③路灯年久失修

李炉村的路灯均是在2011年由政府出资统一建设，由于年久失修，大部分路灯存在电线老化和灯泡受损的现象，仅有不到20%的路灯能够维持正常运转，导致村民夜间出行非常不便，很大程度影响李炉村的村容村貌建设。

**3.山东省潍坊市寿光市洛城街道寨里村**

**（1）寨里村基本概况**

寨里村是个平原型村庄，属于城郊融合类村庄，共有209户，725口，村常住人口占比80%，2019年农民人均纯收入2.23万元，村集体经济收入735万元，被评为省级农村人居环境整治示范村。近年来围绕"生产发展、生活富裕、乡风文明、村容整洁、管理民主"新农村建设方针，大力发展电商蔬菜。同时，村委班子带领群众以村容村貌、环境卫生、卫生保健、合作医疗为重点，加大资金投入，加强组织领导、开展健康教育、环境卫生整治，形成农村人居环境整治工作有序开展、群众热情参与的局面。

**（2）农村人居环境整治典型做法与成效**

①农村生活垃圾治理

农户分类收集，村镇转运统一处理。在生活垃圾处理基础设施配置方面，村庄内共配备保洁员2名，做到村内垃圾及时清运，无桶满外溢、桶外垃圾、车走地不净等现象，同时负责电线杆、路边建筑物、树木等立面乱贴广告及时清除，垃圾桶、果皮箱定期擦洗，确保外观干净。村内生活垃圾桶26个，由村集体进行监管维护，垃圾桶配备要达到规定数量，确保垃圾桶不渗漏、破损、丢失要及时更换补充，生活垃圾实行统一收集、统一清运，保洁清运工作由寿光环卫集团具体负责。同时在村内生活垃圾治理制度方面，寨里村建有健康教育宣传栏，结合本村实际，定期更换宣传内容，全方位、多方面地进行科普教育和卫生知识宣传，进一步提高村民环境卫生意识，此外，村委大力倡导"人人讲卫生，家家爱整洁，美化绿化家居"，塑造新型农民的形象，通过广泛开展"文明家庭创建活动"，全方位指导帮助建立健康文明、科学的生活方式。

②农村生活污水治理

寨里村生活污水处理模式以三格式水冲厕所与庭院内菜园处理模式为主，农户洗菜污水以浇灌菜园为主，洗衣服污水用以冲厕所，实现农村生活污水二次利用。村集体积极调动村民积极性，倡导农户参与农村生活污水治理，提倡生活污水的综合利用，养成良好的用水习惯，充分利用屋前屋后小花园、小果园、小菜园，实现厨房污水、洗涤洗浴污水等灰水就地综合利用。在制度管理方面，要求农户要负责自家房前的绿化、美化和净化，保持环境整洁，严禁在街道、胡同内泼洒脏水秽物，确保无污水排放和积存，村委会成立巡查小组定期巡查村内情况，对发现乱排乱倒生活污水的，一经发现，除立即清理外，取消一切村内优待政策。

集中收集垃圾桶

改造后的公厕

③农村厕所改造

寨里村厕所改造模式以三格式水冲厕所为主，村内已改厕62户，已改厕农户对于三格式水冲厕所认可程度较高，大大改变农村厕所脏乱差的旧状。水冲式厕所改造成本约为1 100元/户，由村集体承担，由乡镇财政出资每年对农户厕所粪污进行两次免费清抽，使得农户没有后顾之忧，农户改厕意愿强烈。镇上配置统一清粪车，极大地方便农户后期管理维护。

④村容村貌

寨里村为打造一条特色主题文化街，推动农村人居环境全面提升。2019年该村深挖"唐王东征，安营寨里"历史文化资源，利用村南闲置地，建设文化主题景观带和占地1 000平方米的"汉风唐韵人文寨里"主题广场。建设两条景观大道，投资200多万元，对入村路进行拓宽，建成高标准"银杏大道"，村内结合农村生态特点，建设彩虹路一条，打造诗意田园的生活气息。同时广泛发动村民义务管好宅基地周边绿化带，及时清除杂草、垃圾，保持最佳绿化效果。利用广播、会议教育广大村民维护公共环境卫生，垃圾入桶，清除小广告，为创建卫生村做好做实各项工作。

开展村内四条主要交通干道的硬化、绿化提升，整村道路硬化面积34 000平方米；对南北大街两侧采用大理石、荷兰砖等硬质铺设，配套石桌、木椅等群众生活设施；房前屋后实施高标准绿化，全村绿化面积16 000平方米，并依托周边国家级农业项目，回租群众闲置的8套民房，创新引入"创客＋"的概念，在保留老民房建筑特点的基础上，进行整体策划，重点招引网红农业电商入驻，带动村民利用自媒体手段增收致富；自来水普及率达100％。

寨里村传统文化宣传

### （3）存在的问题及政策诉求

①生活污水缺乏长效治理机制

寨里村在农村生活污水处理方面仍以就地利用为主，缺乏科学处理模式，夏天易导致村庄生活环境恶化、疾病传播等问题，应当探究农村生活污水处理模式，寻求如铺设管网、建立村级污水处理站以达到污水处理标准等可持续发展模式。

②村内垃圾分类水平仍需进一步提升

寨里村生活垃圾分类仍然较为粗放，村内关于垃圾分类的宣传较少，多数农户没有意识到垃圾分类的必要性，应当加强生活垃圾分类宣传教育，提高农户垃圾分类意识。

### 4.陕西省延安市宝塔区河庄坪镇赵家岸村

### （1）赵家岸村基本概况

赵家岸村位于河庄坪镇以北2千米处，紧邻206省道，背依群山、面朝延河，全村现有人口144户，397人，村庄分类属于城郊融合类村庄。村域内分布着千头规模养殖场1个，苗木花卉种植户17户，温室大棚64座，拱棚36座，休闲垂钓园4座，特色农家乐经营户3户。自农村人居环境整治工作开展以来，全村基于"全域旅游、全民皆商"的发展定位，依托优越的地理位置和得天独厚的自然条件，借力省级重点示范镇的资金、人口、产业配套优势，大力实施改善农村人居环境7大工程，不断催生现代农业示范园发展的内生动力，全力打造"现代农业示范园、延安城市后花园"。

### （2）农村人居环境整治做法与成效

#### ①农村生活垃圾治理

构建农村生活垃圾协同治理机制。赵家岸村从以下几个方面构建生活垃圾协同治理机制：其一，村集体提供基础设施，村上为每户配备3个分类垃圾桶，配备垃圾清运箱4个，垃圾桶8个，果皮箱8个，配备农户分类垃圾桶270个，垃圾桶上方设置垃圾分类指引，引导村民正确地进行垃圾分类。其二，环境卫生保洁工作实行市场化运作，由亮晶晶保洁公司负责村上日常保洁和垃圾清运工作。其三，农户实行垃圾分类，为培养村民低碳、环保、文明的生活习惯，营造整洁、宜居的城乡人居环境和旅游环境，推广"垃圾兑换银行"，即"捡垃圾、存积分、兑奖品"行动，农户将常见生活垃圾分为3大类27种，根据不同种类设定积分，积分累计存入"存折"，根据群众日常生活所需，兑换网点提供可兑换商品50多种，包括各类工具等日用品，从制度上激励农户进行垃圾分类处理。同时，对垃圾处置实行户分类、村收集、镇清运三级责任体系，环环相扣，无缝对接，实现了无害化处理。赵家岸村生活垃圾基本做到日产日清，每天处理垃圾量约1.8吨。同时，将村集体经济收入投入人居环境整治中，每年拿出4万元用于支付给保洁公司。

生活垃圾分类收集设施

#### ②农村生活污水治理

因地制宜，建设生活污水集中处理设施。赵家岸村引进专业污水处理公司，根据村情户情人口等相关信息，按照每人每天0.1立方米用水计算，根据赵家岸村人口状况，如户籍人口144户397人，外出人口89人，外来人口43人，常住人口351人，需建设日处理量40立方米污水处理站，项目总投资65万元，其中，采用50吨/天生活污水处理设备造价30万元，土建造价18万元，铺设污水管道1000米造价17万元。污水设备正常使用年限15年，每天用电约20千瓦时，全年预计使用电费约3 600元。目前污水处理站平均日处理污水30立方米左右，水泵每周抽水1次，污水处理站配有设备管理由专人负责，对每个处理环节进行控制、管理和维护，设备15年内任何故障由厂家承担售后维修。

村内污水经污水管道自流至化粪池，然后流入污水处理设备，经格栅去除污水中较大的漂浮物后进入调节池，污水经调节池充分匀质后由两台潜水排污泵轮流抽入水解酸化池。水解酸化池将大的有机物分解为小的有机物，去除水中的COD后，流经一、二级接触氧化池。氧化池利用自养型好氧微生物进行生化处理，分解水中的有机物。接触氧化池出水进入沉淀池进行泥水分离，剩余污泥采用气提方式排入污泥池进行好氧消化。随即进入消毒池，消毒池设计采用固体氯片接触溶解的消毒方式，最后流入回水池，达到国家一级B排放标准，处理过的水可以再次利用或直接排放。

③农村厕所改造

分类施策，双向改造。赵家岸村强力推进厕所革命，对于厕污能进入管网的户厕改为水冲式厕所，不具备接入管网的户厕改为双瓮漏斗厕所。

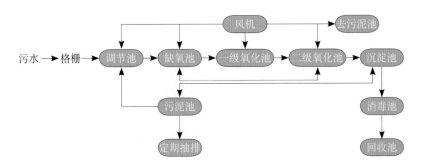

赵家岸村生活污水处理路径

赵家岸村生活污水处理设备

修建的公共卫生厕所

④村容村貌整治

以打造延安城市后花园为目标，深入推进环境整治工程，充分发挥毗邻延安城区、交通便利的优势，赵家岸村从基础设施、特色民居、休闲农业及智慧管理等几个方面深入推进村容村貌提升。

一是健全完善基础设施。实施道路硬化、村庄绿化、街道亮化、环境美化、传承文化"五化"工程，硬化村庄巷道800米，文化广场600平方米，栽植各类树木7.5万株，新修生态停车场两处，安装太阳能路灯65盏，村庄整体面貌显著提升。

二是实施陕北特色民居改造工程。按照陕北特色民居规划设计要求，能改则改，宜拆则拆，稳步推进赵家岸村陕北特色民居建设，现已完成坡屋面改造1.2万平方米，围墙大门改造85院，外粉房屋359间，手绘农民画2 000余平方米。村民院落达到统一美观，村庄整体形象得到有效提升。

三是推进休闲农业产业培育工程。依托得天独厚的自然条件和坚实的产业基础，不断鼓励村民、社会休闲餐饮企业到赵家岸村发展乡村旅游产业，目前已发展农家乐10户，养殖大户5家，垂钓园4座，花卉大棚17个，蔬菜大棚规模达到82座，苹果种植已达200余亩。

四是建设智慧乡村管理工程。用信息化推动农村变革，充分利用互联网、大数据、云存储等技术手段搭建信息平台，大力实施广电网络智慧乡村建设，探索建立"智慧广电＋基层党建＋精准扶贫＋政务服务＋治安防控＋民风建设"等新模式，率先实现广电网络户户通，无线WiFi全覆盖。村民不仅可以享受丰富多彩的观影体验，还可实现农副产品的网上销售、房屋租赁信息发布、就医证件办理相关信息的挂号预约及查询服务，足不出户便可通过高清摄像头对村庄实施全覆盖监控，有效防止偷盗、破坏等行为的发生，实现农村治理。可实现服务智慧化、人性化、多元化，修筑连接城乡的信息高速公路，全面提升村庄建设的科技和信息化水平，为全区农村建设提供经验和示范。

赵家岸村人居环境整治效果

### （3）政策诉求及努力方向

赵家岸村将持续深化"全域旅游、全民皆商"大旅游理念，紧紧围绕"延安城市后花园，现代农业示范园"的远期规划定位，依托延河治理景观长廊的建设，着力提升赵家岸村基础设施水平，率先在赵家岸村实施延安首个"田园综合体"项目，打造以旅游为先导、以产业为核心、以文化为灵魂、以流通基础为支撑、以体验为价值、以乡村振兴为目标的集现代农业休闲旅游、田园社区为一体的生态乡村。持续扩大设施农业发展规模，进一步激发传统产业的新动能。

## 5. 甘肃省庆阳市合水县板桥镇板桥村

### （1）板桥村基本概况

板桥村处于板桥镇政府所在地，位于庆合两县的交界处。全村辖北街、南街、陈沟、侯家咀、孙旗、白河湾和白沟门7个村民小组，共445户1887人，耕地面积4204亩。通电、通信、饮水安全率100%。全村以山区玉米、小麦种植为农业发展的主导产业，2019年村集体收入11600元。自开展人居环境整治行动以来，板桥村推行生活垃圾集中处理、生活污水集中处理、村容村貌集中整治，经过三年的治理行动，逐渐打造出高原干旱区城郊融合类村庄人居环境整治的典范。

### （2）农村人居环境整治的典型做法与成效

#### ①农村生活垃圾治理

推行生活垃圾集中收集处理。由于板桥村地处乡镇街道周边，村内人口集中，生活垃圾产生量大、成分复杂、多数有机垃圾无法自行处理，推行集中收集处理具有低成本、高效率的优势。现如今，板桥村共有保洁员7人，护林员4人，草管员2人，卫生监督员1人，共同组成板桥村域内垃圾清洁保洁队伍，配备三轮电动垃圾清运车7辆，三轮机动垃圾清运车1辆。现已组织保洁队伍对域内陈年垃圾进行拉网式排查，进行登记汇总，板桥村在垃圾清运行动中找出35处陈年垃圾堆放点，及时组织保洁员、护林员及草管员组成清运队伍，并租用大型机械进行清运。

板桥村生活垃圾运转车队　　　　　　　　板桥村生活污水处理设施

②农村生活污水治理

"一体化污水处理设备+人工湿地"的集中处理设备。为避免村民生活污水乱倒乱排现象，板桥镇设置过渡性污水处理设施，实施截污控源工程，在板桥村新建污水处理站1座，安装多级生物接触氧化一体化污水处理设备1台，配套人工湿地6.7亩。污水站始建于2018年，占地1亩，总投资624.43万元，日处理能力达200吨，配套雨污分流管网3 496米、检查井118座、沉泥井12座、出水口2座，主要处理板桥镇街区及附近新农村居民生活污水，服务人口2 300余人，日处理污水量为104吨，年处理污水3.8万吨。污水处理工艺采用多级生物氧化接触工艺，处理设备为地埋式模块化一体设备，出水水质执行《城镇污水处理站污染物排放标准》一级A标准，达标排放后可实现年消减化学需氧量（COD）18.25吨、五日生化需氧量（$BOD_5$）9.49吨、氨氮（$NH_3$-N）1.97吨、固体悬浮物（SS）12.41吨、总氮（TN）1.46吨、总磷（TP）0.18吨。村内污水进入格栅池，通过格栅去除污水中较大的漂浮物，自流至调节池均衡污水水质水量，出水由调节池提升泵提升至缺氧单元，并依次流入1#、2#、3#好氧处理单元，经过生物处理后的污水自流进入1#、2#沉淀澄清单元，经过沉淀分离后出水进入中间水池，通过中间水池提升泵进入砂缸过滤器进行过滤处理，滤后水经紫外线消毒设备消毒，消毒后出水排入出水明渠，达标排放。

③农村厕所改造

"政府建设、村民维护"的三格式水冲厕所改造。截至2020年，板桥村共计完成改厕370户，户均改厕成本1 900元，均由政府出资。厕所后续维护、抽粪等费用由村民自行负担。在建设过程中，板桥村要求化粪池坑深必须保证在2.0米，化粪池底部周围必须人工塞实，化粪池两侧及顶部用三七灰土夯实，地面部分必须打10厘米三七土封水，以防水毁，表面打混凝土，混凝土尺寸（长×宽×厚）2.5米×1.5米×10厘米，化粪池连接的管道口用混凝土填实。一是保证化粪池在冻土层以下，预防冬天不可使用的情况；二是减少化粪池气味散发，保证空气质量。

④村容村貌整治

在村容村貌建设方面，板桥村整修绿树花廊6.5千米，清理"三堆"45处，清理河道10千米。同时，为白沟门组通村道路柏油造面4千米，为南街组通村道路水泥硬化700米，整修路边绿树花廊5千米，清理边沟杂草9千米，清理河道垃圾11千米。

板桥村现涉及的各项重点项目有309改道工程、板杨公路工程，309改道现已完成，目前正在建设2户宅基地、1户果园以及1.5千米的路边林地。在村广场门前，设立"转变作风改善发展环境"意见箱。为板杨路排障6千米，为20户群众协调解决动力电问题，帮助30户易地搬迁户入住新房，并积极协调上级部门，成立了"板桥村正气银行"，对村民保护环境、互帮互助等行为进行积分奖励，通过积分兑换商品，引导村风、民风积极向善转变。

板桥村三格式化粪池厕所

正气银行

村巷道

休闲广场

### （3）存在的问题及政策诉求

①"正气银行"激励作用不显著

2020年全村仅有36名村民成为储户，劳动积分参与率偏低，"正气银行"储蓄"正能量"作用尚未充分发挥。应加强"正气银行"宣传引导，吸纳更多群众成储户，引导群众积极参与劳动积分，常态化开展积分兑换活动，进而充分发挥"正气银行"储蓄"正能量"作用。

②村民反馈处理慢

陈沟组对农户污水无法处理等群众合理诉求，解决不够及时，致使村民多次上访。另外有个别路段未硬化，板桥新桥南区居民点、板桥中心小学门前、侯家咀组部分路段未硬化，雨天泥泞不堪，晴天尘土飞扬，给村民出行带来不便，一些村民反映强烈。村委会需衔接县自然资源局、住建局等单位，及时向上反映村内存在的问题，妥善解决村内人居环境现存问题。

## （三）特色保护类村庄人居环境整治典型模式

历史文化名村、传统村落、少数民族特色村寨、特色景观旅游名村等自然历史文化特色资源丰富的村庄，是彰显和传承中华优秀传统文化的重要载体。统筹保护、利用与发展的关系，努力保持村庄的完整性、真实性和延续性。切实保护村庄的传统选址、格局、风貌以及自然和田园景观等整体空间形态与环境，全面保护文物古迹、历史建筑、传统民居等传统建筑。尊重原住居民生活形态和传统习惯，加快改善村庄基础设施和公共环境，合理利用村庄特色资源，发展乡村旅游和特色产业，形成特色资源保护与村庄发展的良性互促机制。

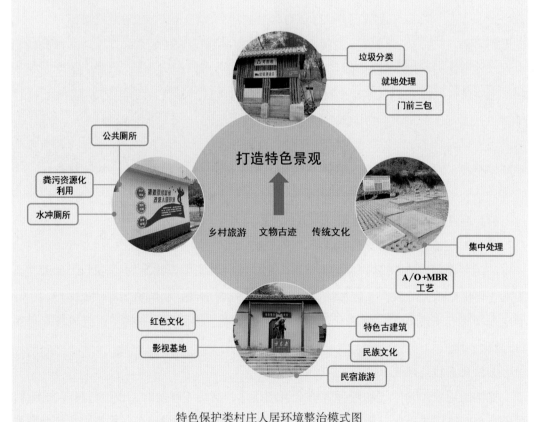

特色保护类村庄人居环境整治模式图

### 1. 吉林省梅河口市山城镇河南村

#### (1) 河南村基本概况

梅河口市山城镇河南村是朝鲜族村，位于梅河口市山城镇中部，与镇区相邻。河南村地处平原，辖区面积0.96平方千米，耕地面积1 223亩。全村共110户315人，朝鲜族比例为98%，常住的住户仅有10户，人口不足30人，村内房屋的闲置率高达90%以上。河南村连续三年被确定为吉林省"千村示范，万村提升"工程示范村。全村共110户315人，朝鲜族比例为98%，主要以劳务输出及粮食生产为主，劳务经济是本村农民增收的重要来源，全村常年外出劳务人口约有200人，人均年收入可达2万元。

#### (2) 农村人居环境整治的典型做法与成效

①农村生活垃圾治理

全面推广"十堆"清理和"五项"清洁。河南村共有大型垃圾收集点2处，分类垃圾桶50余个，采取分类收集、集中处理的办法统一清运村内垃圾。为保证河南村环境卫生常态机构建设，村集体为村屯配备1名常态化保洁员，实施全天候保洁，购买、配备运车、铁锹、扫帚、铁镐等保洁工具。日常保洁实现村庄内无垃圾乱堆乱放、及时清运处理；无污水乱泼乱倒现象；无粪污明显暴露；无乱杂物堆放；房前屋后干净整洁；实现村庄环境干净、整洁、有序，环境卫生越来越好。全方位进行"五项"清洁和全面进行"十堆"清理。"五项"清洁即：农村道路、村部学校等公共场所、农户房前屋后及庭院室内、沟塘河道、田园林带；"十堆"清理即：粪堆（粪坑）、土堆、砖堆、沙堆、石头堆、灰堆、柴草堆等。通过大力开展环境综合整治，实现村屯环境卫生净化，改善农民的生活环境。

生活垃圾分类收集箱及村规民约明示牌

②农村厕所改造

因户制宜，分类推行水冲式厕所和无害化旱厕。河南村厕所改造由市政府出资，后期由村集体进行维护，2020年已改造水厕22户，旱厕28户，建设两间公共厕所，共计改造成本约45万元，厕改覆盖率45%。水厕改造后通过暗沟排放至村民院内化粪池中，河南村采用加深沉水井深度的方法以解决防冻、防溢问题。旱厕全面改造为梅河口市统一的无害化旱厕。厕改获得村民一致好评，全面提升了村内卫生环境。

无害化旱厕与水冲式厕所

③村容村貌整治

改造特色民居，凸显朝鲜族特色文化。河南村村容村貌改造主要包括绿化和村内基础设施建设两方面。2020年村屯、庭院实现绿化美化全覆盖，全村森林覆盖率达到43%，新建一次成型新型边沟300米；户户通水泥路3.2千米；路灯32盏；粉刷铁艺栅栏共2 200米。2018年，河南村投资105万元，建设资金来源为梅河口市财政拨款50万元，其余款项为向上争取资金和镇财政补贴，村累计投入105万元。资金主要用于对9户民居及村部整体改造、8户民居外观改造，包括一个400平方米门球场在内的文化广场1 200平方米改造，铺设沥青路、村广场7 000平方米，并建设休闲健身器材10余个。2019年河南村开始对村内基础设施全面整修，边沟整修2 500米，其中新建一次成型新型边沟300米，粉刷铁艺栅栏共2 200米，铺设绿地1 500平方米，并对全村绿化美化升级。近期，新修建一座亲水小公园，种植的向日葵花海已经开花，改造17户朝鲜族民俗民居，增强了吸引周边的居民到这里健身、游玩、消费的能力，目前日均人流量在400人左右。切实将河南村建成民宿村、养生村、旅游村。

河南村的乡村文化建设宣传主体为朝鲜族文化，村集体出资建设雕塑太极鼓和百米稻田栈道，太极鼓是朝鲜族人民在太极两仪的基础上自己的革新，蓝色代表天，黄色代表地，红色代表人，意义为天地人的和谐。百米稻田栈道，联通河南村和东花园村"窑地屯"，这座栈道是朝鲜族村和汉族村的"连心桥"，发挥桥梁纽带作用，把朝鲜族汉族连成一家。

**（3）存在的问题及政策诉求**

①保洁难度大

河南村属于特色保护类朝鲜族民俗村庄，目前日均人流量在400人左右。村内仅设

河南村文娱设施与乡间栈道

有保洁员1名，难以完成日常的村内垃圾清洁、分类工作，在旅游旺季村内垃圾清运工作任务更加繁重，急需增设保洁人员。

②水厕改造实用性有待增强

由于河南村常住人口少，冬季大量村民不在村内居住，房屋内缺少供暖，导致大量水厕管道冻裂，大量增加了水厕的维护成本，厕改应因地制宜考虑本村实际情况，避免资源浪费，河南村未来厕改方向应集中于无害化旱厕改造。

③村内湿地缺乏规划管制

村内湿地建设缺乏统筹协调，建设湿地相关的工程管理工作，文化旅游产业规划工作，污染防治以及乱排乱放执法查处工作分工不明确，湿地建设相对落后，湿地内垃圾和污水缺乏针对性的管制措施，对河南村整体村庄风貌造成了影响。

## 2. 浙江省绍兴市上虞区岭南乡青山村

### （1）青山村基本概况

青山村位于岭南乡中南部，由阴潭、丁兴、高山三个自然村合并而成，距乡政府驻地8千米，全村共设10个村民小组，现有301户，户籍人口872人，常住人口300余人，行政面积7.6平方千米。青山村位于山区地带，属特色保护类村庄。该村为上虞区农村人居环境整治示范村，2006年度被评为村公共卫生先进集体，2007年度被评为村务公开和民主管理先进集体，同年被评为岭南乡"五好"基层党组织。2020年全村集体收入为60余万元，年人均收入达1.7万元。

### （2）青山村人居环境整治的做法与成效

村容整洁、治理有序、生态宜居，是农村居民对人居环境的美好向往，也是青山村农村人居环境整治的目标。自"五星达标、3A争创"和农村人居环境集中攻坚整治提升"百日行动"以来，青山村开展以农村生活垃圾、美丽庭院、三线整治、村容村貌提升为主要内容的专项行动，持续推进农村人居环境整治。

①农村生活垃圾治理

"农户二分类、村镇四分类"生活垃圾处理模式。生活垃圾处理是环境整治改善的重要一环，青山村积极响应上虞区的号召，全力抓好垃圾分类这件"关键小事"。青山村依托上虞区"农户二分类、村镇四分类"生活垃圾处理模式，推广农村垃圾分类收运工作，农村生活垃圾分类和资源化利用工作取得一定成效。每家农户门前配备有可腐烂垃圾和不可腐烂垃圾收集桶，由村中保洁员每天定时上门收取，在村中进行四分类后转运至岭南乡生活垃圾分类中心。其中易腐烂垃圾经加工处理为肥料后主要用于园林绿化等；可回收垃圾由上虞区供销社进行统一上门回收；其余垃圾经压缩后转运至发电站进行焚烧发电。目前该村生活垃圾处理费用均由区财政资金承担。

村中生活垃圾分类收集桶

厨余垃圾沤肥设施

②农村生活污水治理

青山村作为山地型村庄，采取雨污分流治理措施，切实保护村庄环境和生态水体，雨水通过修缮的排水明沟和暗渠收集。村庄内生活污水采用集中式处理，通过地下管网并根据地势将生活污水收集接入到村内的污水处理设施进行处理，避免雨污混流对下游水体造成污染。该污水处理设施采用厌氧＋人工湿地处理工艺，配有自动化控制系统和智能巡检系统等。农户家中生活污水和厕所污物收集后，通过管道排进村内生活污水处理终端进行处理，尾水经过人工湿地后达标排放至附近水体。该污水处理设施日均污水处理量达8吨，占地面积60平方米，由污水处理终端、管道铺设、道路硬化、池体绿化等工程组成。共铺设管道11 500米，污水依靠重力自流的方式接入污水处理终端内，出水水质达到浙江省《农村生活污水处理设施水污染排放标准》（DB 33/973—2015）二级标准。

全区农村生活污水处理设施均由政府出资建设，运维管理实行以区为主管、区水务集团为运维实施单位、各乡镇（街道）为业主管理单位、村级组织为落实主体、农户为受益主体的"五位一体"农村生活污水处理设施运维管理体系。目前上虞区已探索实施

"农户付费"的资金筹措方式，在农户自来水费中加收0.05元/吨的污水处理费，基本可保障污水处理设施的日常维护。

生活污水处理设施人工湿地　　　　　　　　　农村生活污水检修车

③村容村貌提升

全力打造精品民宿，带动提升村容村貌。近年来，青山村大力发展乡村特色旅游，确定民宿旅游的发展思路，通过打造良好的旅游环境，以美丽乡村带动古村落发展，打造一个环境优美、民风和谐、村民幸福的现代化美丽新农村。依托全区开展的"三改一拆"活动，对全村厕所进行改造；整治乱搭乱建、乱堆乱放、污水垃圾；村庄道路及农户庭院进行硬化；针对不同工程，由财政资金提供金额不等的补助，农民群众的生产生活条件大幅提升，有力地促进了和谐乡风塑造和乡村精神文明建设。针对弱电线缆乱接乱牵、乱拉乱挂的"空中蜘蛛网"现象，落实广电、移动、电信等管线单位根据村中摸排情况组织力量开展整治；对于村中"易乱堆、难处理、脏乱差"等小区域卫生死角老大难问题，推行"小硬化、小绿化、小美化"工程，进一步提升村容村貌。青山村借助大力发展乡村旅游的契机，利用农村依法建设的闲置宅院，结合当地人文自然景观和生态资源，进行整体设计、修缮和改造，保持传统乡村风貌，体现当地民居特色、生态环境。

村容村貌焕然一新

村庄精品民宿

### （3）存在的问题及政策诉求

①加大村规民约力度，提高村民自主意识

虽然已开展农村人居环境整治工作多年，但青山村居民受传统生活方式、教育水平、老龄化等问题制约，对农村人居环境整治的认识仍略显不足，对落后生产生活习惯的弊端认识不够。今后应加强村规民约力度，提高村民对人居环境整治的自主意识，切实做到"谁污染、谁治理"，仍需坚持不懈加强引导和宣传教育。

②探索建立农村人居环境长效管理机制

目前青山村人居环境整治中基础设施建设已基本完成，应积极引入市场机制，探索建立社会化运作模式，引导群众积极主动参与日常维护工作，确保农村人居环境整治长效化、常态化。

### 3. 浙江省金华市浦江县大畈乡上河村

#### （1）上河村基本概况

上河村位于浙江省金华市浦江县大畈乡西北处，地处丘陵区，属特色保护类村庄。全村有村民小组50个，村民户数400多户、1 370人，村民生活富裕，2020年村集体收入168万元，人均收入2.5万元。上河村是省级人居环境整治示范村，也是金华市唯一一个入选农业农村部拟推介2020年中国美丽休闲乡村之一。上河村独具特色，村内有广安桥、大方伯和古银杏树，其中广安桥始建于明朝，是省级文物保护单位；古银杏树距今也已有500多年历史，是上河村历史标志之一，上河村古建筑众多，明清朝以前建造的房屋就达数百间。近年来，上河村依托壶源江水资源特色，大力发展乡村旅游，成为集民宿度假、诗歌研学、古村观光等一体的网红打卡胜地。

#### （2）农村人居环境典型做法与成效

①农村生活垃圾治理

严格实施垃圾分类，上河村为每户在门前配备"易腐垃圾"和"不易腐垃圾"二分类垃圾桶，并安排专业保洁员每天定时定点上门收集，保洁员运用小型垃圾分类收集车收集各户垃圾后，统一运送至乡垃圾回收站，乡垃圾回收站再进一步实施垃圾四分类。严格落实检查责任制，以"一户一牌"为监督。上河村实行垃圾分类检查责任制管理，由党员带头进行监督，在每家每户垃圾分类桶上挂有负责检查该户的党员姓名、农户姓名、农户编号，严格进行定时检查，并对检查情况报村委会，由村委会对每户生活垃圾分类情况打分，并及时公布评比情况。

门前垃圾桶

垃圾分类设施

②农村生活污水治理

上河村已于 2016 年完成生活污水治理设施建设，建有污水处理终端 1 座，上河村生活污水处理终端采用的 $A_2/O$ ＋人工湿地的处理工艺，设计日处理量 80 吨/天，设备服务农户 363 户；另外每家每户完成厕所污水管道和厨房污水管道的布设。根据当地雨水量大，雨污合流处理会增大污水治理设施负荷的客观因素，实施雨污分流，雨水经村内每家每户门前沟渠收集、直接汇流至村旁河流。厕所污水、厨房污水分别收集排入水处理终端。生活污水通过管道排进村内生活污水处理终端进行处理，污水处理终端的尾水流入人工湿地，经过人工湿地净化后达标排放至附近河流，出水水质达到浙江省《农村生活污水处理设施水污染排放标准》（DB 33/973—2015）二级标准，可直接用于浇灌农田。运维方面，上河村生活污水处理设施由浦江县住房城乡建设局管理，并委托第三方公司负责运行和维护。

③村容村貌提升

上河村依据自身景区特点进行大规模的村庄基础设施建设，目前上河村是国家AAA级旅游景区、中国美丽休闲乡村、浙江省级历史文化名村、浙江省美丽宜居示范村、浙江省千万工程典型示范村、浙江省职工疗休养基地、浙江省生态文明教育基地。截至目前，上河村的民宿已达到 27 家，有 350 多个床位，并配备完善的生态停车场、旅游公厕、导览牌等。

充分挖掘传统文化与村居特色，带动乡村产业兴旺。上河村重新修缮纵深126米、凝聚着厚重人文历史的七进大方伯，经过重新修缮后的五进大方伯，不仅是古代诗歌展示馆，还是"唐诗三百首新儿歌"研学基地；并对余绍宋故居和江南三层古民居实施了彻底装修，同时完善周边基础配套设施。余绍宋故居和江南三层古民居，是位于壶源江南岸茶山上，也是上河村明清四合院异地拆建保护利用开发项目。上河村充分用其打造上河精品民宿项目，使其起到产业领头羊的作用，提升上河村旅游品牌知名度。上河村在继承和保护传统文化的同时，充分挖掘其产业价值带动乡村产业兴旺。据统计，目前节假日平均每天游客量达1万~2万人。上河村的旅游产业蓬勃发展，带动民宿经济迅猛发展。

污水处理人工湿地

传统浙中古宅

干净整洁的街道

诗情画意街头

### （3）存在的问题及下一步改进计划

①随着上河村乡村旅游产业发展旺盛，农家乐及超市增多，且上河村外来人口增

多，导致以前配备的垃圾分类收集设施和回收设施数量不足；村内生活污水处理设备终端进水量增加，超过设计处理负荷，影响污水设施处理效果。

②农家乐、小餐饮、豆腐厂等经营性场所产生的污水直接排入污水管网，大部分没有设置预处理设施，导致终端进水水量和水质均超过设计标准，甚至影响终端微生物生长环境，影响出水水质。

③下一步改进计划。安排专业人员及时定期检查统计垃圾回收储运设施，以及生活污水处理设施是否数量充足，质量是否有保障；对农家乐、小餐饮等经营性场所产生的污水，逐步推广预处理设施，确保污水终端正常运行；完善运维体系，推行标准化运维，组建专业运维团队。

### 4. 安徽省合肥市庐江县万山镇长冲村

#### （1）长冲村基本概况

长冲村属纯山区村，南临柯坦镇，西连汤池镇，位于万山、汤池、柯坦三镇的中心位置，东距合界高速公路15分钟路程，万柯路南北穿境而过，交通优势十分明显。全村总人口5 300人，农户1 450户，自然村庄62个，现有村民组31个，村民居住相对分散。长冲村地域面积约20平方千米，有耕地1 700多亩，茶园4 000多亩，林山场15 000多亩，国家和省级补助的公益林10 100亩，财政补贴的退耕还林338亩。农业产业以茶叶为主，辅以玉米和水稻种植，主要农产品有大蒜、绿苹果、香菜、香菇、李子等。2019年9月27日，长冲村被中共安徽省委农村工作领导小组认定为美丽乡村重点示范村。2020年8月26日，入选文化和旅游部第二批全国乡村旅游重点村公示名单。

#### （2）农村人居环境整治的典型做法与成效

长冲村秉持"承接汤池大发展，再造长冲好风光"理念，扎实开展农村垃圾、污水、厕所专项整治"三大革命"，以及公路设施建设维护为重点的村容村貌整治提升工作，按照"整改三步走"的策略与步骤，积极推进人居环境整治工作，主要经验与做法主要包括以下几个方面：

①农村生活垃圾治理

生活垃圾维护的"路长"责任。庐江县万山镇人民政府委托庐江县招标采购交易中心，对万山镇长冲村伏岭公路等公路硬化建设项目进行公开招标，在道路后期维护方面，长冲村聘请"路长"分片分区域专门负责区域内的道路养护、清扫保洁，将"路长"都纳入公司统一管理、统一培训，配发服装、清洁工具，实行月点评、季考评、年终考，将工作实绩与工资挂钩，按月按照800～1 200元标准发放工资。除此之外，万山镇还根据"路长"队伍人员配置、垃圾日产量、区域面积大小等实际情况，合理配置清扫工具、垃圾收集点（桶）、收运车辆等，做到垃圾日产日清日送。

②农村生活污水治理

统一污水管网建设标准，集中高效处理污水。近年来，庐江县高度重视集镇污水处理设施建设工作，根据市政府统一部署，按照"一次建成、长久使用、持续发挥作用"的原则，大力推进集镇生活污水。长冲村因地制宜选择合理的农村生活污水治理技术和模式，加强改厕污水与农村生活污水治理有效衔接，建立健全农村生活污水治理有效机制，统筹推进农村黑臭水体治理与农村生活污水、农厕粪污、畜禽粪污、水产养殖污染、种植业面源污染、工业废水污染等治理工作。村内由中源锦天环境科技有限公司建设日处理30吨一体化污水处理场1座，采取管网延伸、微动力小型污水处理、生态湿地净化等处理模式，完全满足村庄农户日产污水处理需求。自来水管与污水管道严格按照标准建设，全部固定于墙面、地面，消除安全隐患，管道分类明确，黑管自来水入户，白管污水排出，支管网入户率达到百分之百。在生活污水处理农户缴费方面，长冲村并未向农户额外收取污水处理费用，但在自来水费用上计划上调，以适当弥补污水处理成本。

长冲村污水处理设施与村中管道铺设（黑管自来水，白管污水）

③农村厕所改造

尊重群众改厕意愿，稳步推进农村厕所改造工作。在厕所改造方面，长冲村根据财政承受能力和群众意愿，合理确定改厕数量。采取群众反映、疑难复查、走访了解、审查档案等多种形式进行，通过先行试点，选择符合实际、群众欢迎的改厕模式。镇规划建设分局技术人员负责改厕技术指导及质量监督，负责资料收集、整理、归档和改厕系统录入上报工作。各村（社区）派专人收集、整理、归档各种改厕表格和改厕照片，做到一户一档。建立改厕示范户，组织改厕农户进行现场观摩学习并进行技术指导，确保厕具安装规范、标准，达到设计要求。对化粪池及厕具采购项目进行公开招标，统一标准，保证质量。费用方面，免费为农户改厕，每户改厕成本大约2 300元，县补贴1 400

元，市补贴800元。

④村容村貌提升

打造"十里长冲好风光"，建设田园综合体。长冲村在市、县国土资源、旅游等部门的大力支持下，以原有的生态自然环境为基础，对万亩荒山进行整治、规划和改造，打造出茶园、果园、花园、苗圃园、景观园等多位一体的观光景致，成为合肥市的"后花园"和庐江县的一颗璀璨"明珠"。

长冲村安凹村民组内现有的13户闲置农房，运用宅基地置换或货币化补偿方式进行搬迁后，将收储的闲置农房进行分类利用，充分依托现有地形地貌，在最大限度保护村庄肌理的基础上，利用乡土和新型建筑材料进行维修改造后建成的民宿项目。"云里安凹"作为长冲村最具有代表性的民宿，庐江县旅投公司总投资3 500万元，总占地142亩，建筑面积5 150平方米，共建有12个民宿客房及功能房组团，能同时满足60人住宿、100人餐饮及会务，是集民宿、餐饮、休闲、会务、全息自然农法耕作、农产品深加工（销售）和旅游纪念品开发于一体的田园综合体。

"云里安凹"自然风貌

### （3）存在的问题及政策诉求

①居民居住较为分散，污水集中处理难度大

长冲村处于沟域地形，地势较低，污水管道铺设成本高。另外，山区居民点分散且流动人口数量较大，污水集中处理设施设备不能充分发挥功能，对集中式污水处理模式带来一定困难。

②污水处理设施成本造价高

按照县里统一规定，污水处理厂建设以参照工业处理水为标准，远远高于处理农户生活污水的处理标准，人工成本、管理维护费用偏高。

③厕所后期维护水平有待提升

卫生厕所建成后,在日常运行中小配件损坏等问题没有得到及时有效解决,另外,厕所粪污处理设施维护周期偏长。

### 5.江西省上饶市弋阳县漆工镇湖塘村

#### (1)湖塘村基本概况

弋阳县漆工镇湖塘村共有108户、438人,村庄分类属于特色保护类村庄。近年来,湖塘村紧紧围绕"方志敏精神"开展人居环境整治,树立以红色主题文化为核心的乡村振兴典范。"千门万户曈曈日,总把新桃换旧符",现在的湖塘村到处都是"明媚的花园",村民的幸福感、获得感不断提升,方志敏所憧憬的美好愿景正在湖塘村一一实现。

#### (2)农村人居环境整治做法与成效

近年来,漆工镇湖塘村以"山清水秀、村容整洁、民风淳朴、留住乡愁"的总体要求,结合红色文化,积极推进农村人居环境整治,成为全国闻名的乡村振兴样板村、红色教育标杆村、八个代替展示村。

①农村生活垃圾治理

探索生活垃圾分类治理。湖塘村生活垃圾实行"户分类、村收集、乡转运、县处理"一体化处理模式。农户对生活垃圾进行初分,将可回收、可堆肥垃圾及有害垃圾分离出来,实现资源化利用和无害化处理;剩余垃圾由乡镇负责转运至县垃圾焚烧厂焚烧发电,全过程实现"垃圾不落地、垃圾可处置"。在生活垃圾日常运维方面,湖塘村购置垃圾清运车辆2辆,设置生活垃圾桶150个,配备保洁人员15名,保证垃圾有人扫、有人运、有地方处理。

②农村生活污水治理

使用兼氧膜生物反应器(FMBR)技术全自动污水处理系统。该技术发现并应用能够同步处理污水、污泥的复合菌群及控制条件,且不产生异味,确保排出的每一滴水达标。湖塘村现有生态氧化池约2 200平方米,污水管网长约1 000米,湖塘村日均生活污水产生量约为48吨,经污水管网收集至生态塘,利用生态氧化池中微生物及藻类植物对废水进行生物处理,通过废水中有机物的氧化降解以达到水体的净化。

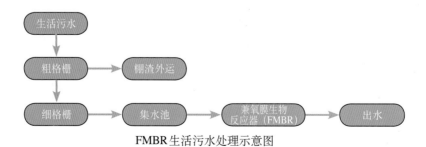

FMBR生活污水处理示意图

③农村厕所改造

扎实推进厕所革命。湖塘村新建旅游公厕3座，改造户用三格式化粪池90户。在改厕前，为引导农户积极参与厕所革命，湖塘村做好农户工作，向农户发放改厕宣传手册、举办改厕培训以及宣传会议，让农户充分了解改厕的好处、改厕的做法以及改厕后运行维护方法。同时，在改厕过程中梳理典型，对积极参与改厕及改厕情况较好的农户进行奖补。

改造后的湖塘村公厕及达标排放的污水

④村容村貌整治

以建设"英雄的湖塘、宜居的湖塘、创造的湖塘"为目标，开展村容村貌整治。湖塘村围绕特色保护建筑"方志敏故居"，打造出一条绿色生态交通走廊，实现观红色文化与田园风光的有机结合。

一是加强农民建房管理。拆除危旧房、空心房41栋，统筹规划设计沿线门前屋后建设标准，规范化打造民宿40户，确保沿线道路通透、整洁、有序。

二是充分发挥"方志敏"这一品牌优势。把红色资源利用好、把红色传统发扬好，把红色基因传承好。在软件上，以"6个一"为抓手，即完善"一部红色话剧、一场红色电影、一条红军路、一场红歌赛、一餐红军饭、一次入党宣誓"。

三是制定严格的"门前三包"制度。首先，规定门前三包的范围：村主要道路门前墙基至道路边石，无道路边石的至门前3米，左右至毗连居民住户房前。居民住户范围为门前墙基至道路边石，无道路边石的至门前1米。其次，约定"门前三包"内容。

包环境。按要求自备废弃物清扫工具，生活垃圾实行袋装或桶装，投放至规定的垃圾桶；坚持经常清扫责任区、保持门前道路整洁，卫生做到地上无纸屑、果皮、烟头、痰迹、污物、废物、杂物和积水等；责任区内公共设施及建筑物、围墙、牌匾、墙壁门窗及灯饰橱窗各类设施整洁美观、无破损、无乱张贴、无乱牵乱挂、无乱喷涂写、无乱画等；临路两侧无晾晒衣物，不外露破烂杂物；无违章占道搭设构筑物、遮阳篷。

包秩序。门前机动车辆按画线停放，排列整齐，无机动车辆占道停放；门前无摊点或无违章占道经营及乱挖、乱堆、乱建等；人行道平整，路灯、路牌、果皮箱、交通标志及各类市政井盖板等公用设施无人为破坏、完好无损。

包绿化。维护责任区的花草树木，门前行道树、花坛绿地无损坏缺株或践踏等，不擅自修剪、移植、砍伐树木和破坏花草；责任区树木不乱挂、乱钉。

湖塘村人居整治一瞥

### （3）存在的问题及政策诉求

群众的环境与健康意识还有待提高。目前，湖塘村在农村人居环境治理中并未采用农民付费机制，农民的支付意愿相对较低。村中居住的农户大多为老年人，长期形成的卫生习惯和生活方式改变较慢，参与户内外清扫保洁、厕所改造等人居环境整治的积极性不高，群众主体作用发挥不够。

### 6.山东省淄博市周村区王村镇苏李村

### （1）苏李村基本概况

苏李村位于王村镇东南部，距镇政府驻地2千米，全村共设8个村民小组，现有

486户，总人口1 474人，常住人口约1 100人。苏李村地形平坦，在村庄分类上属于特色保护类村庄。2020年村集体收入245万元，人均收入约1.5万元。2018年以来，苏李村先后被授予"省级文明村"、"省级传统村落"、"省级文保单位"、"省级技防示范村"、省"森林村居"示范村、区级"双强双好"村与"健康单位"、"省级减灾防灾示范村"等荣誉称号。

**（2）苏李村人居环境整治的做法与成效**

近年来，苏李村在保护原有王氏宗祠古建筑和古文化的基础上，开展人居环境整治工作，通过宗族纽带、家训、村规民约等文化规制来提升人们的环境保护意识，激励群众参与环境整治，在农村人居环境整治过程中总结诸多经验。

①农村生活垃圾治理

逐步推广生活垃圾分类，开展源头减量行动。苏李村生活垃圾治理实现城乡垃圾收运一体化，即"村收集、镇转运、县处理"的生活垃圾收运处体系。2019年始，苏李村开始推广生活垃圾分类。首先，向农户广泛宣传垃圾分类的重要性，新建标准垃圾分类收集点5处，垃圾桶分别用不同颜色标志分类放置垃圾，农户按照可回收垃圾、不可回收垃圾、其他垃圾和有害垃圾进行四分类，并且制作分类宣传板牌、温馨提示牌，指导农户精确分类；其次，农户分类的垃圾实现日产日清，由政府统一转运至发电厂焚烧发电；其三，苏李村一共配备5名保洁员，每月发放900元工资，其中政府发放600元/月，村补助300元/月，划分片区明确责任，制定责任管理奖罚制度。每月组织村委人员、党员、代表、群众等不定期对各个片区进行督查，真正把卫生清理、绿化管护落实到人。通过农户源头分类、村保洁员二次分类，基本能实现可回收垃圾的资源化利用、有害垃圾的无害化处理，农户的环境保护意识也有所增强。

生活垃圾分类收集点与指导牌

②农村生活污水治理

纳入污水收集管网，实现生活污水集中处理。苏李村生活污水治理首先实现雨污分流，东西3条主街雨污分流，挖土方外运450立方米、采用M5水泥砂浆砌砖180立方米、水沟抹灰1 500平方米、安装铸铁雨水箅子500个，实现雨水与生活污水分开，直接排放。对于生活污水而言，由于村民居住集中，距离污水处理厂较近，苏李村铺设污水收集管网，直接纳入城镇集中处理。开展污水治理以来，一共铺设主街管道3 702米、各小巷支管管道4 775米、户下采用直径110毫米聚氯乙烯（PVC）管道接通主管道，共1 104米；建设户下观察井368座、主街观察井125座；铺设苏李村-大史社区主排污管道1 000米、建设主管道检查井30座。

③农村厕所改造

为提高村民的文明卫生意识，改善村民的生存环境和生活质量，苏李村完成村居村民无害化卫生厕所改造368户，改造率达到100%。厕所有墙、有顶、有门、有蹲坐两用便器、地面硬化，有条件的可以贴瓷砖，化粪池可为双瓮、三格式，水泥硬化并作防水处理，达到不渗、不漏、清洁无蝇蛆、无臭、粪便无害化处理的要求。村投资2.3万元购买一台抽粪车，并在村民家中安装服务热线板牌，为解决村民旱厕问题提供方便。

④村容村貌提升

2019年苏李村率先完成美丽乡村建设，对村进行了污水、弱电改造，亮化、美化、绿化、道路硬化进行全面提升等工作，村人居环境面貌焕然一新。

村内弱电治理：路面开沟9 581米，铺设管道9 581米，路面恢复9 581米，旧电线杆拆除74根。

残垣断壁整治：村内残垣断壁主要位于村东、村西、村中等位置，共40处，残墙约250米，需对旧墙进行拆除，采用灰土石墙基础、砖砌墙体，对墙体抹灰、粉刷、挂沿。

村内绿化：村内大街小巷道路两旁、文化广场、绿化面积20 000平方米，绿化主要以扶芳藤、红枫等景观树为主，绿化率达100%。

村内亮化提升：亮化共安装135盏路灯，路灯实现全覆盖。并在村西北路口拐角处安装转望镜一盏，方便群众安全出行。

村内道路环境提升：村内主街及周边胡同铺设沥青22 000平方米，铺设厚度5厘米、道路两侧铺设路牙石约14 800米。

开展"美在家庭"创建活动：为进一步推动"美在家庭"创建工作，激发群众参与创建的积极性和主动性，引领广大家庭树立健康文明的生活理念，养成良好的卫生习惯。2020年率先成立美家超市，"美在家庭"共创建368户。通过对各院内垃圾、残破墙、破旧物品进行整理，每月由村妇联主席带队，村"两委"成员、妇联执委、党员、村民代表、标兵户、示范户代表组成联合检查组，该村分为4个小组到户下进行实地检查打分。利用积分制兑换物品的方式，引领全村妇女群众收拾好"小家"，维护好"大家"，带动更多的妇女和家庭积极参与环境整治，助推农村人居环境全面提升。

编制村庄规划：由淄博市规划信息中心进行规划，主要规划村庄居住区的基础设施布局，如楼房、道路、供电等；编制污水改造设计规划，由山东四新建筑设计公司承担污水改造项目设计。

打造特色产业：紧紧依托豹山，成立淄博市周村旅游观光休闲专业合作社，优先发展种植优质花生、蜜薯、小米等特色旱作作物，并对农产品进行加工和品牌包装销售，逐步将该区域发展成为优质高档特色粮油作物种植区，带动周边村居、农户改变单一粮食作物种植传统，积极发展新型特色农业产业。

苏李村人居环境整治效果图

### （3）存在的问题及政策诉求

①个别农户参与环境整治积极性不高

尽管推行农村人居环境整治是一项提升居民生活水平的美丽工程，苏李村仍然存在个别农户参与积极性不高的问题。一方面，由于原有的生活卫生习惯使然，另一方面，部分农户接受新理念还需要一个过渡时间。

②垃圾分类准确性不高

从垃圾分类的执行情况来看，苏李村推行垃圾四分类投放，多数农户在村居住的村民年龄较大，多年来的生活积习难以改变；农户家里很少配备齐全的四分类垃圾桶，导致村民在家分类不精确，投放时容易放错位置。

### 7. 山东省泰安市肥城市孙佰镇五埠村

#### （1）五埠村基本概况

五埠村位于孙伯镇西北部，距镇政府驻地6千米，三面环山，依山而建，村域面积6 962亩，全村共有240户、831人，在村庄分类上属于特色保护类村庄。五埠村建村600多年，历史悠久，"古村落"建筑、陆房战役后方医院、藏兵洞遗址等保存完好，以其特色的石头建筑技艺，打造鲁中地区传统特色民居，多次被中央电视台、光明日报、山东电视台等各级媒体宣传报道，先后荣获国家AAA级景区、国家级传统村落、山东省服务业特色小镇、泰安市美丽乡村等荣誉称号。2018年10月，五埠村又被山东省确定为第一批美丽村居建设省级试点村庄。

#### （2）五埠村人居环境整治的做法与成效

五埠村以打造传统旅游村落为契机，积极开展人居环境整治行动，村环境面貌焕然一新。

①农村生活垃圾治理

景区与居住区垃圾分类同行。五埠村在景区和村民居住区积极开展生活垃圾分类工作，推行"一次分类、二次分拣"模式，在村民居住区开展生活垃圾四分类的同时，也在景区开展"可回收垃圾、其他垃圾和有害垃圾"三分类，以实现最大限度的源头减

生活垃圾分类收集点

村内人工湿地与改造后的户厕

量。生活垃圾分类收集后转运至中节能（肥城）生物质发电厂、生活垃圾焚烧发电厂、固体废物综合处置中心、标准化垃圾堆放点、标准化固废垃圾堆放点等地点进行处理和资源化利用。

②农村生活污水治理

沉淀池简易处理＋人工湿地的生活污水集中处理模式。五埠村首先实现雨污分流，雨水通过修缮的排水明沟收集。村庄内生活污水采用集中式处理，借助排水沟渠修建管网收集生活污水和雨水集中收集接入到村内的两个沉淀池中进行处理，村内建有一处人工湿地，经处理后的生活污水和雨水排放至湿地。湿地不仅承担净化污水的功能，还作为湿地景观供游客观赏。

③农村厕所改造

因地制宜，分类推进农村厕所改造。五埠村突出抓好农村无害化卫生厕所改造，坚持科学推进、分类施策，推广使用三格化粪池、双瓮漏斗式厕所，每户改造成本约为1 040元，其中政府财政补贴840元，村集体自筹200元。村中还建有水冲式公共厕所，按照通风、除臭、清洁、卫生的标准，安排专人日常维护，公共厕所的运行和维护费用由村集体承担，改造后的农户厕所运行维护由农户自行承担。

④村容村貌提升

依托旅游景点建设，推进村容村貌提升。五埠村按照"情况明、方法对、工作细、责任实"工作标准，强化调度考核，狠抓工作落实，倒排工期、挂图作战，确保在规定时间内完成改造项目。经过几年来的环境整治和项目建设，五埠村村容村貌有很大的改观。

完善基础设施建设。一是提升路灯材质，风格与村庄风貌相协调统一，使用LED节能灯及太阳能路灯，新架设路灯112盏；二是持续提升绿化水平，利用村内石头资源众多优势，绿化带到边到沿，实现"路宅分家"，不断扩大乡土树种种植规模，实现"三季有花、四季常绿"；三是在原有石板路基础上，加强后续管理维护，确保村民便利出行；四是大力推进农村宅基地治理，严格落实"一户一宅"制度，清理宅基地109处，依法依规收归集体，用于美丽村居建设；五是实施村庄外部风貌整体打造，对群众生活区开展"美丽庭院"建设，利用乡土材料和物件，建设街头小品、文化墙和庭院微景观。

充分挖掘传统资源，保护古村落、特色古建筑。五埠村建筑为石质平顶结构，传承有青石干茬缝建筑技艺，为鲁中山地丘陵型村庄风貌，有独特的"伙大门"建筑形制，特点为"门中套门、院中套院、巷中有巷"，在鲁派民居中相当罕见，在全国也具有鲜明的地方特色和文化内涵。一是组织老建筑工匠，成立传统工匠协会，投资252万元，运用传统技艺修复传统民居271间、3 252平方米，修复古寨门2处、主席台1处、古井18眼，确保"修旧如旧"。二是投资850万元，整修废弃小学，建成集会议、培训、餐饮、住宿为一体的肥城市党员干部教育基地和乡村振兴培训基地。三是投资485万元，利用传统建筑打造精品民宿15处，传统手工作坊8处。四是投资320万元，修缮3条"伙大门"胡同，新建2条非物质文化遗产展示胡同。五是投资460万元，建成商品展销中心，成功申报山东省后备箱工程建设试点，开发设计82类农副产品，在山东省旅游商品设计大赛中荣获金奖。

打造特色旅游景区。五埠岭伙大门景区总投资1.2亿元，计划建成"一点、两镇、三区、四基地"，即全国乡村旅游示范点；山东第一石头古村镇，山东"乡愁记忆"特色小镇；全国AAAA级旅游景区、农耕文化乡愁记忆景区、红色景点旅游区；设立影视传媒拍摄创作基地、美院美协美术家写生创作基地、摄协摄影家拍摄基地、爱国主义教育及研学实习基地，成为当地有名的就餐住宿、会务培训、休闲度假的旅游村。

五埠村旅游景区和改造后的人居环境

**（3）存在的问题及政策诉求**

①基础设施有待完善

五埠村作为旅游村，要接待大量的游客，从而导致垃圾量、污水量以及厕所粪污等需要治理的生活废弃物量大且成分复杂。但目前，景区内垃圾分类桶、公用厕所并不能满足接待游客的需要，基础设施仍然不完善。

②垃圾分类推行难度较大

一方面，由于在村居住的大多数村民年龄较大，即使开展过多次宣传，诸多村民仍然不能正确分类。另一方面，由于接纳的外来游客较多，在旅游过程中由于习惯使然，多数游客也未能做到准确分类，给后续的分类处置带来较大的困难。

### 8.贵州省贵阳市白云区牛场乡石龙村

**（1）石龙村基本概况**

石龙村是牛场布依族乡7个少数民族村寨之一，位于云雾山脉，属喀斯特地貌。石龙村地处贵阳市北郊，距乡政府7千米，村庄分类属于特色保护类村庄。全村下辖石坎、白岩、火烧寨、大木厂4个村民小组，共198户826人。村内居住着布依族、苗族、穿青人等，占总人口的92%。少数民族文化丰富，有布依山歌、布依八大碗、布依米酒、布依老豆腐、石龙长生鸡、苗族刺绣等特色文化和美食，石龙苗族"抢鼓棒"舞蹈独具特色，被列入贵州省第五批非物质文化遗产名录。经过近几年的发展，石龙村先后获得"国家森林乡村""省级生态村""市级美丽乡村示范点""白云区文明村"等称号。

**（2）石龙村人居环境整治的做法与成效**

石龙村以"生态石龙，富美家园"为目标，按照"强优势、补短板"的发展思路，依托现有自然资源、生态风光、民族文化和一合石龙生态园，大力发展乡村旅游，着力培育一批融农业观光旅游、农产品生产销售、民族文化传承、田园风光欣赏、农耕体验等多种业态和功能为一体的乡村旅游示范园区。通过发展乡村旅游和生态产业带动环境整治，石龙村的人居环境提升迈上新台阶。

①农村生活垃圾治理

"户收集、村集中、乡转运、区处理"的生活垃圾收运模式。白云区生活垃圾治理实行城乡环卫一体化，农户将生活垃圾投放至垃圾斗，由村集中收集，乡镇环卫集中转运至垃圾中转站，由区统一处理。石龙村一共配备4个垃圾集中收集点，在村民居住分散的地方同时也配备垃圾斗，方便农户投放垃圾，垃圾收集点每3天清理一次，基础设施由政府统一提供，设施运行维护费用均由乡镇财政负责。同时，生活垃圾收运基础设施均采用数字化管理技术，所有的垃圾桶、垃圾清运车和转运站的相关信息均上传至"贵州数字乡村建设监测平台"，由县统一集中监管。

石龙村生活垃圾集中收集点

在建的生活污水处理设备

②农村生活污水处理

铺设管网，集中收集处理生活污水。石龙村一共投入140万元建设村生活污水集中处理设施，目前，污水处理设施正在建设中还没有完全完工，已建设完成雨污分流设施、家庭排污管网，建成后的污水处理覆盖率约占全村总户数的60%。

③农村厕所改造

自建与政府帮建相结合。在政府推行厕所改造以前，已有部分在村村民完成水冲式厕所改造。对未改厕、仍使用旱厕的村民推广水冲式厕所和三格式化粪池，要求改造的厕所做到：有门、窗、顶、洗手池、"三格式、水泥材质"的化粪池，面积不超过10平方米。据测算，每户厕所的建造成本约3 000元，其中政府补贴2 000元，由政府验收后发放。每户卫生旱厕的改造成本约1 600元，改厕均由政府出资。厕所改建后，运行、维护和管理均由农户自行负责，化粪池的第三格铺设管网，连接至村污水处理站，经污水处理后达标排放。

④村容村貌改造

自开展农村人居环境整治工作以来，石龙村投入约3 000万元进行房屋立面整治、污水管网、垃圾箱、太阳能路灯、庭院改造、广场修建、监控安装、有线网络、有线广播、户户通、改厕、危房改造等美丽乡村示范点打造，同时完善机耕道、组组通等道路基础设施建设，石龙村人居环境面貌焕然一新。

在完善公共服务上展现新面貌。石龙村建设1处生活文化广场，统一粉刷墙面并绘画多处宣传壁画，修建4米宽、柏油材质的村主干道以及1～3米宽的入巷路，村寨路灯100%覆盖，所有基础设施建设均由政府专项资金负责。

依托古建筑，宣传"红色文化"。石龙村依托"红军长征二过白云"，红军二、六军团经龙里，绕过贵阳，从乌当进入白云，其中一支队伍经牛场石龙、红锦等村寨进入蒙台、扁山和斑竹园一带，并端掉云盘山的守敌后，住在扁山柳丝开展"打土豪、分盐粮"等工作，与沙文、牛场的少数民族"干人"结下"军民鱼水情"的故事，保护传统古建筑，充分挖掘红色文化，开发红色旅游。

挖掘传统景点，打造特色民族文化。石龙村是白云区牛场乡生态环境最好的7个少数民族村寨之一，主导产业为乡村旅游和花木产业。石龙村依托"三口古井、三棵古树"的村寨古景点，融合传统苗族、布依族文化，发展乡村旅游。现已建成"一合石龙生态园""石龙民族民俗文化馆""白岩布依古寨"等景点景区，还有省级非物质文化遗产"石龙抢鼓棒"、布依山歌、千年古银杏、千年红豆杉、石龙长生鸡、布依八大碗等特色文化旅游产品。通过发展乡村旅游、建设特色民居和民宿来提升村庄人居环境，不仅提升当地经济发展水平，也形成传统村落保护、民族文化传承，进而提高村民参与环境整治积极性。

村落古井与古树

村入巷路与生活富足的布依族老人

**（3）存在的问题及政策诉求**

①农村生活垃圾转运成本较高

石龙村距离乡镇垃圾转运站较远，距离区垃圾处理中心更远，垃圾由村转运至乡镇转运站、再转运至区垃圾处理中心的转运成本较高。由于近年来发展旅游，游客增多，生活垃圾产生量较大，且当地温暖湿润的气候容易使堆积的垃圾发臭，影响当地居民正常生活。因而，对于比较偏远、垃圾产生量较大的石龙村，可进一步探索将易腐烂垃圾实行就地处理。

②乡村旅游规划有待完善

乡村旅游缺乏资金投入，无统一规划和设计等。景区面积大、旅程较远，同时，为了提升石龙村的旅游形象，发展"旅游观光车队"，购置观光车势在必行。由于石龙村乡村旅游刚刚起步，前期投入大、收益小，村集体经济基础薄弱，无力购置观光车。

**9. 陕西省延安市延川县关庄镇甄家湾村**

**（1）甄家湾村基本概况**

甄家湾村位于延川县城西北方向15千米处的青平川，辖2个自然村，总人口204户706人，其中，常住人口74户126人，村庄分类属于特色保护类村庄。该村始建于蒙古至元二年（1265年），距今755年。至今仍保存古窑洞97院258孔，是陕北地区现存规模最大、保护最完整的古村落。按照"无中生有""有中生新"的发展理念，依托古村落资源优势，扎实推进农村"三变"改革，大力发展以影视拍摄、教育研学、写生创作和传统文化体验等"四个基地"为主要内容的乡村文化旅游产业，成功打造"影视经济""民宿经济""观光经济"等新型经济业态，实现由传统农业到新型服务业的跨越式发展。先后被列入"第五批国家传统村落保护名录"，被评为"陕西省美丽宜居示范村"，被确定为全市脱贫攻坚成果观摩点，群众获得感、幸福感、安全感明显提升，成为备受关注的"三变"改革示范村、乡村旅游明星村、脱贫致富典型村。

**（2）农村人居环境综合整治工作成效**

甄家湾村干部群众深入挖掘传统乡村资源，创新现代发展方式，大力发展以影视拍摄、教育研学、写生创作和传统文化体验等"四个基地"为主要内容的乡村文化旅游产业，推动人居环境迈上新台阶。

①农村生活垃圾治理

狠抓日常卫生保洁。一是签订住宅院落门前"四包两禁止"责任书，保证农户私人生活区域环境卫生整洁常态化。二是全村以公益性岗位的方式聘用保洁员9名，按照"保洁区域网格化、保洁质量标准化"的要求夯实责任、明确目标要求，保证公共区域卫生整洁常态化。三是按照"户收集、村运转、镇处理"的垃圾处理运行机制，以院落为单位每院配备垃圾桶1个、每名保洁员配备手推垃圾车1辆、全村放置垃圾收集箱2个，确保垃圾处理运行顺畅。

生活垃圾分类箱

生活污水处理设施

②农村生活污水治理

A/O＋MBR一体化污水处理技术。甄家湾村污水处理站项目设计规模为50立方米，每天服务范围为甄家湾村住户所产生的生活污水，采用工艺为A/O＋MBR一体化技术，生活污水经处理满足《城镇污水处理厂污染物排放标准》（GB 18918—2002）1级A标准后达标排放。生活污水经格栅去除大颗粒悬浮物后，自流进入集水池。集水池内设置提升泵、用泵排入调节池，可调节污水水质水量，污水在调节池内充分调节稳定水质，后经提升泵提升至MBR一体化设备内，在设备内污水依次经过缺氧区、好氧区、MBR膜区，污水中污染因子被微生物充分降解分解，并与水分离。处理达标后的清水

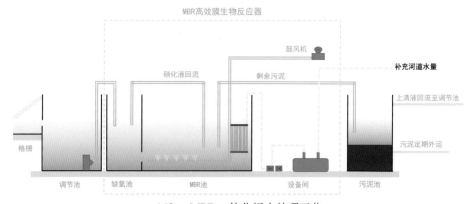

A/O＋MBR一体化污水处理工艺

经过紫外消毒后进入回用水池，剩余污泥定期自动外排至污泥池，污泥池污泥定期外运处理。回用水池设置清水泵，处理后的清水可作为绿化、灌溉等回用水，无需利用时就近达标排入纳污水体。

③农村厕所改造

户厕与公厕改造齐头并进。一方面，对有改厕意愿的农户统一登记、统一改造，68户农户实现水冲厕所；另一方面，先后建成标准化公共卫生间3座，为游客提供便利服务。

改造后的户厕与公共厕所

④村容村貌改造

在保护古村落的基础上发展旅游产业。甄家湾村围绕古村落，打造特色陕北民居，发展旅游业、影视业，村容村貌得以提升。

规划先行。把人居环境卫生综合整治纳入甄家湾传统村落保护提升与乡村文化旅游开发项目的总体规划当中，大力推行统一规划方案、统一标准要求、统一管理实施的"三统一"举措，提前预埋污水管道、自来水管道、电缆等地下管线，为后期建设奠定坚实基础。

健全基础设施。统一标准要求，改造125户78个院落窑檐石、青砖窑檐护栏和树脂瓦窑顶；自然村村巷道全部硬化，形成"两横四纵一环线"村内道路网络；按照"人畜分离"目标要求，建设规范化牛棚一座，人居场所范围内的圈舍全部拆除；大力实施亮化和绿化工程，两个自然村先后安装太阳能路灯126盏，栽种枣树、旱柳、国槐等本土树种和葫芦、南瓜、月季等当地瓜果花卉进行绿化美化。

传统村落保护与乡村文化旅游开发。先后分两期对古村66个院落167孔古窑洞和古巷道进行了维护改造，布展5院14孔古窑洞，古戏楼目前正在恢复中；打造窑洞酒店10院61孔；建设标准化停车场1座，实施2千米通村过境路改迁项目，全村整体风貌明显改善。

构建长效运行机制。明确的责任和要求，是推动工作的重要保证。为此，甄家湾村通过《责任书》《合同》和会议等方式，明确农户、保洁员、村干部、垃圾清运人员等各层面的责任，保证人居环境卫生常态化健康运行。同时，坚持以爱心超市为载体，对"美丽庭院"评比活动中获奖的、主动捡拾垃圾的、义务参加环卫整治劳动的，都给予积分卡奖励，充分发挥群众主体作用，调动群众爱护环境卫生的积极性，营造环境卫生综合整治的浓厚氛围。

改造后的村容村貌

## 10. 甘肃省天水市清水县黄门镇黄湾村

### （1）黄湾村基本概况

黄湾村位于黄门镇北部10千米处，毗邻白驼镇、松树镇，属于特色保护类村庄。

全村共有5个自然村242户987人，村集体经济收入16.96万元。近年来，黄湾村认真学习贯彻习近平总书记系列讲话精神，全面落实《甘肃省农村人居环境整治三年行动方案》和市、县、镇关于农村人居环境整治工作的总体安排部署，按照"三清三拆三整治，三改三建三提升，三包三长三联系"的工作思路和措施，凝心聚力推动人居环境综合整治工作，村庄面貌和人居环境明显改善。

**(2) 黄湾村人居环境整治的做法与成效**

黄门镇黄湾村地处山区，在人居环境整治过程中打造极具地方特色的道路，该村依托村庄高低起伏的地形，在保护传统民居的基础上，合理规划雨水沟渠、垃圾堆放点、柴草堆放点、建筑材料堆放点、公共卫生厕所以及代表地方特色的文化广场与休闲设施。

①农村生活垃圾治理

全面落实"日清扫、周处理"的生活垃圾处理常态化机制。黄湾村生活垃圾同样实行分类治理，农户按照可回收垃圾筐、不可回收垃圾筐、有害垃圾筐和可腐烂垃圾桶的"三筐一桶"分类设施对可回收、不可回收、有害和可腐烂垃圾进行分类；保洁员每天上门对农户分类的垃圾进行收集并实现二次分类，分别投放至可回收垃圾点和不可回收垃圾点，可腐烂垃圾用于就地沤肥，实现垃圾源头减量50%。

在生活垃圾治理和日常卫生保洁制度方面，黄湾村创新和落实"三包三长三联系"机制。"三包"即由农户包干房前屋后环境卫生清扫、垃圾箱等公共设施保护、绿化地带卫生保洁的"三包"责任制，督促早晚开展2次卫生保洁。"三长"即建立公共道路"路长"、小巷道"巷长"和"户长"的"三长"制度，由路长负责督促公益性岗位人员每天定时清扫交通主干道环境卫生。每天在小巷道选一名户长，负责本巷道卫生清扫，每周在一个巷道选一名巷长，督促本周环境卫生保洁。"三联系"即建立由村干部联系

垃圾清运池

黄湾村公共卫生厕所

路长、组干部联系巷长、普通党员和巷长联系户长的环境卫生保洁责任制，落实"日清扫、周处理"和"户分类、组收集、村转运、镇处置"机制，推动环境卫生保洁常态化。

②农村厕所改造

尊重农户意愿，推进"三统一"改厕模式。黄湾村在充分征求群众意见的基础上，在改厕过程中提前统一规划图纸、统一施工、统一验收。在2018年、2019年两年内改建双瓮式卫生旱厕140座，为农户配齐、配全卫生洁厕用具用品，同时，修建一座公共卫生厕所，引导群众正确使用、及时清污，养成良好卫生习惯。同清水县其他镇、村情况类似，黄湾村改厕费用由政府补助1600元，采用"先建后补"的原则，农户可根据实际情况和个人意愿自行出资对改造的厕所贴瓷砖、配备洗漱用具等基础设施。厕所完成交付后，后期的设施维修、管理运行均由农户自行负责。卫生旱厕的粪便由农户定期清运，一般作为有机肥料直接用于农作物底肥，不仅彻底解决农村厕所苍蝇蛆虫滋生的环境污染问题，也实现粪污的资源化利用。

③村容村貌提升

黄湾村依靠山区地形对村部村容村貌进行改造，打造传统西北村落。一是"拆旧"，对原脏、乱、差的面貌开展"三清三拆三整治"行动；二是"建新"，落实"三改三建三提升"措施；三是依靠山区地形修建雨水沟渠、打造休闲草堂，村庄干净、整洁、有序，村容村貌有质的提升。

认真开展"三清三拆三整治"行动。"三清"即清淤泥、清垃圾、清路障。组织全村劳力清理边沟渠淤泥8车、生活垃圾及建筑垃圾8吨、建筑材料10车。"三拆"拆危房、拆危墙和拆违建。总计拆除危房12户、危墙及残垣断壁230米、乱搭乱建2处。"三整治"即整治乱堆放、整治乱泼倒、整治乱丢弃。整治乱堆放柴草、石料31处，对群众长期泼倒污水、丢弃垃圾的5处脏乱差地带彻底进行整治。

抓细抓实"三改三建三提升"措施。"三改"即改厕所、改院墙、改厨房。对16户缺少院墙大门和5户面貌差的厨房进行改造和新建。"三建"即建住房、建公厕、建"两点三场"。2016年以来实施危房改造28户、易地搬迁17户；新建公厕1座、文化广场1处、柴草堆放场3处。"三提升"即提升"八差"治理效果、户内卫生面貌、村庄绿化水平。建设绿化节点6处，栽植云杉300枝、红叶李100枝，修建护坡50米，土墙修缮12户，全面整治农户庭院内环境卫生，改善生活条件。

干净整洁的道路与传统民居

### （3）存在的问题及政策诉求

①农户对污水处理的认识度不够

黄湾村尽管已经实现雨水排放沟渠的建设，但生活污水处理尚未纳入统筹建设范围。一方面，由于该地区农户用水量偏少，多数农户认为平时所产生的厨房用水、洗漱用水等不构成污染源；另一方面，由于地形原因，农户居住分散，集中铺设管网成本较高，因而村集体正在考虑下一步如何建设低成本高效率的生活污水处理设施。

②垃圾混合投放的现象仍然存在

农村居民普遍没有养成生活垃圾分类习惯，部分年纪较大、文化程度较低的农户虽然知道垃圾分类这一理念，但仍然缺乏生活垃圾分类类别和常识，有的居民为方便，也往往将生产生活中的所有废弃物全部倒入公共垃圾桶，增加后续处理难度。

## （四）易地搬迁新建村庄人居环境整治典型模式

对位于生存条件恶劣、生态环境脆弱、自然灾害频发等地区的村庄，因重大项目建设需要搬迁的村庄，以及人口流失特别严重的村庄，可通过易地扶贫搬迁、生态宜居搬迁、农村集聚发展搬迁等方式，实施村庄搬迁撤并，统筹解决村民生计、生态保护等问题。拟搬迁撤并的村庄，严格限制新建、扩建活动，统筹考虑拟迁入或新建村庄的基础设施和公共服务设施建设。坚持村庄搬迁撤并与新型城镇化、农业现代化相结合，依托适宜区域进行安置，避免新建孤立的村落式移民社区。搬迁撤并后的村庄原址，因地制宜复垦或还绿，增加乡村生产生态空间。农村居民点迁建和村庄撤并，必须尊重农民意愿并经村民会议同意，不得强制农民搬迁和集中上楼。

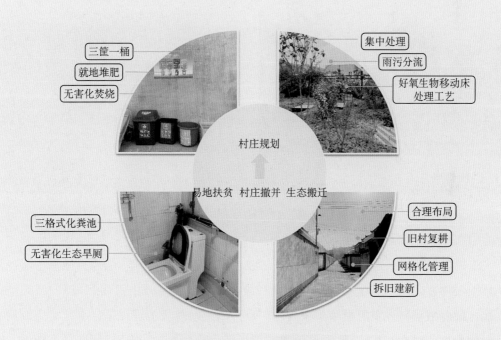

易地搬迁类村庄人居环境整治模式图

### 1. 贵州省黔东南苗族侗族自治州丹寨县龙泉镇卡拉村

#### (1) 卡拉村基本概况

卡拉村位于丹寨县龙泉镇东部，地形属山地丘陵，是一个苗族聚居的民族村寨，距县城4千米，紧临丹寨金钟经济开发区，素有"中国鸟笼之乡"的美称。全村总面积1.23平方千米，下辖2个自然寨3个村民小组共168户628人。卡拉村拥有苗族特有的民居建筑，有优美的巷道和小道，独特的空间格局和建筑形式，精美的鸟笼建筑装饰、苍老的古树、幽深的水井，碧绿的池塘，在人居环境方面体现典型的苗族风貌。

#### (2) 卡拉村人居环境整治的做法与成效

卡拉村根据省、州、县"四在农家·美丽乡村"六项行动计划基础设施建设（小康路、小康水、小康房、小康电、小康讯、小康寨建设）总体目标，按照"自然环境生态美、村容寨貌特色美、产业发展生活美、乡风文明和谐美"总体建设要求，着力打造卡拉村美丽乡村建设示范村，高起点规划、分阶段实施，实行党政推动，村民自我管理，发展特色产业，开展村容村貌整治，打造宜居、宜业、宜游的美丽乡村，提升卡拉美丽乡村建设水平。

卡拉村生活垃圾收集点

改造后的水冲式厕所

①农村生活垃圾治理

卡拉村生活垃圾治理实行"户集、村收、镇转运、县处理"的运行体系，实现城乡环卫一体化。农户将生活垃圾投放至村垃圾集中收集点，由镇环卫每3～5天清运一次，最后由镇转运至凯里市集中处理。自开展生活垃圾治理以来，卡拉村完成购置垃圾桶8个、垃圾清运车1辆、可装卸式垃圾清运箱6个、手推车5辆并投入使用，对村庄的清扫、管护形成常态化。所有的基础设施配备和运行维护费用均由政府专项资金负责。

②农村厕所改造

在厕所改造过程中，卡拉村对使用旱厕的农户推广水冲式厕所和三格式、双瓮式化粪池。目前，该村厕所均实现无害化卫生厕所改造，其中40%户厕为三格式化粪池，55%为双瓮式化粪池，剩余5%为旱厕。除去因改建房屋同时自行改建厕所的部分农户，政府帮助改造了68户，占比40%。据测算，每户厕所的建造成本约3 000元，政府补贴2 000元，村民可根据喜好铺贴瓷砖等，超出的成本均由农户自行承担，补贴由政府验收后发放。厕所改建后，运行、维护和管理均由农户自行负责。

③村容村貌改造

自卡拉村开展人居环境整治工作以来，坚持"党委带动、政府推动、部门互动、上下联动、农民主动"的工作机制，建立"一月一次调度，一周一工作推进调度"机制，出台"一套领导班子、一张项目单子、一套实施方案、一套督查体系、一抓落实到底"的"五个一"美丽乡村建设模式，切实抓好项目建设推进工作，村容村貌有了很大的改观。

道路硬化、亮化、绿化。完成入村400米大道、2.2千米环村公路建设并安装路灯投入使用，实现亮化；新建荷花池1个，并完成花卉示范种植100亩；完成村寨花坛建设及绿化美化，并利用农户房前屋后闲置的空地完成650株楠竹苗种植；对现有的古树挂牌。

美化工程。完成新聚居点房屋统规统建新建42栋房屋；新建寨门1个；配齐天网、雪亮、广播站及高速公路旁靓丽工程、鸟笼地标性建筑工程等其他设施。

娱乐文化设施及保障工程建设。新建广场1个、服务群众健身设施1套、建成标准篮球场1个、乒乓球台2个，地标性鸟笼建筑1个，新建集中养殖场2个，在脱贫攻坚工作中完成了住房保障实施98户，饮水安全工程150户；新建民族工艺品展示店1个。

发展特色产业及旅游文化。卡拉村编制鸟笼已有400多年的历史，品种繁多、规格各异、形状多样，集编制、雕刻、蜡染、刺绣、书法、绘画等艺术为一体，民族文化丰富多彩，主要有耍龙、跳芦笙舞、斗牛、赛马、斗鸟等活动。

建立长效运行机制。一是建章立制，创新管理。村"两委"把村内环境卫生作为旅游发展的头等大事来抓，制定村规民约，建立健全村庄环境卫生管理制度，分片区管理，并配备2名环卫工人，确保街面卫生常态化。建立健全群众参与和监督的有效机制，每月确定一天为环境卫生集中整治日，动员全体村民参与环境整治，吸纳有一定代表性的村民进行监督，确保整治有成效、不反弹。二是加大宣传，创先争优。通过召开群众会议、张贴标语、发放宣传单、电视广播、村庄整治新旧照片对比等多种形式，开展声势浩大的宣传发动工作，争取群众的理解、支持和拥护，最终变成村民的自觉行动。在树立美丽乡村建设先进典型，宣传美丽乡村建设先进人物的同时，加大对美丽乡村建设的舆论引导，为美丽乡村建设营造良好的社会氛围。

卡拉村人居环境整治效果图

### （3）存在的问题及政策诉求

①村集体投入人居环境整治资金意愿不强

尽管卡拉村有集体经济年收入40万元，但由于多数居民外出打工且家庭经济收入较低，不论是村委会还是农户个人将村集体经济收入用于人居环境整治的意愿不高，卡拉村环境整治的资金均由政府专项资金投入，下一步应该积极探索多元主体共同参与的机制。

②村民内生动力有待进一步激发

受传统生活习惯和落后观念影响，村民在环境整治中参与度不高，房前屋后乱堆乱放的情况仍然存在，有的村民公共意识淡薄，缺乏主动奉献精神，自觉性、积极性较低，村庄整体环境的维护主要还是依靠党员干部的发动，村民内生动力有待进一步激发。

### 2. 甘肃省天水市清水县黄门镇小河新村

### （1）小河新村基本概况

小河新村是依托易地搬迁项目分批集中建设的新农村，属于丘陵型村庄，村内现有

286户1 452人。近年来，小河新村把改善农村人居环境作为社会主义新农村建设的重要内容，坚持集中整治与全员推动相结合，大力推进农村基础设施建设和城乡基本公共服务均等化，近年来农村人居环境得到显著改善，小河新村成功入选"全国改善农村人居环境示范村"。

**（2）农村人居环境整治的典型做法**

①农村生活垃圾治理

垃圾分类，源头控制减存量。小河新村积极推行垃圾分类处理，在农村生活垃圾分类基础设施配置方面，村内住户户内配备"三筐一桶"，发放垃圾分类投放指示牌，指导农户按照可回收、不可回收、有害垃圾和可腐烂垃圾分类投放。村内巷道主干道安装垃圾箱60个、配置垃圾桶66个，村内配置封闭式垃圾清运车1辆、清运箱5个。在农村生活垃圾处理方式方面，可回收垃圾由废品收购站收购，不可回收垃圾由环卫工人统一收集，每两天在垃圾焚烧站集中焚烧处理一次，建筑垃圾运送到垃圾填埋点集中处理，有害垃圾交由资质企业处理，形成了"户分类、村收集转运、镇处理"的模式，户内垃圾分类实现垃圾源头减量化在50%以上，垃圾无害化处理率稳定在90%以上，科学的生活垃圾处理模式有利于农村生活垃圾实现剩余价值。

生活垃圾回收有奖爱心超市　　　　　　　　小河新村污水处理站

②农村生活污水处理

雨污分流，健全设施夯实基础。在搬迁新村建设过程中，小河新村坚持"规划到位、设施完善、适度超前"的定位，建成面积115平方米的二层住宅286套，超前建设饮水、雨水、污水管道，实施雨污分流治理，投资290万元铺设地下排水排污管网，避免了建设好房屋后进行二次投资建设地下管网的状况出现。同时建设黄门污水处理站1座，日处理污水达110立方米，年运行费用3万元，处理后水质达到一级B标准，控制了污水处理成本，污水乱排乱倒问题得到科学治理。

③农村厕所改造

厕所革命，粪污治理解难题。小河新村立足于新村庄地处川区、供水方便、排污管网完备的实际情况，每家每户配套1立方米的小型简易化粪池，同时配发坐便器、地砖、墙砖等基础设施建设材料，建成标准化的水冲式厕所，村内常驻用户厕所达到"密闭有盖、基本无臭、厕内清洁、清理及时"的要求。厕所改造工作的顺利推进彻底改变农村群众如厕习惯，极大提升庭院卫生环境。

小河新村户内水冲式厕所及公厕

④村容村貌建设

规范化管理、便民服务。建立社区规范化管理制度，推行网格化服务制度，将社区居民分组定格编号，设立"八室四中心一基地"（党员活动室、图书室、乒乓球室、放映室、老年人活动室、卫生室、电子阅览室等，便民服务中心、电商服务中心、日间照料中心，再就业技能培训基地），绘制3D文化墙，定期不定期组织社区居民开展"好人评选"、文化娱乐、教育培训等形式多样的活动，极大地满足社区居民生活需要。社区群众可以足不出户地看病、购物、上网、娱乐等，实现了辖区群众小需求不出社区，大需求不远离社区。2017年被民政部确定为首批全国农村幸福社区建设示范单位。

网格管理，健全机制促提升。制定网格化管理实施办法和奖惩措施，全面落实工作责任，形成"包村领导—驻村干部—两委成员—小组组长—农户"的纵向管理机制；以居住片区为单元设立巷长，以巷道为单元设立户长，形成"庭院—户长—巷长—全村"的横向保洁机制，通过镇抓村、村抓组、组抓户，保洁任务分解量化，层层明确职责，卡死责任，克服了划分不清、推诿扯皮等问题，做到了"网中有格、人在格中"，人人都有"责任田"，有力保障人居环境整治工作的常态化运行。

小河新村人居环境整治一瞥

### (3) 存在的问题及政策诉求

①农村发展规划应当寻求资金合理分摊机制

小河新村虽然每年村集体收入较高，但是对于村庄下一步发展资金来说仍然具有较大缺口，仅靠村集体收入难以承担这些开支，因此应当寻求合理的资金分摊机制，对于村容村貌的建设应当使得农户参与其中，寻求农户、村集体、政府的合理资金分摊机制，进一步细化资金的安排，确保农村人居环境改善工作有序推进。

②基础设施管理维护不完善

据了解，小河新村部分娱乐文化设施比较陈旧，部分房屋的粉刷白灰也逐渐脱落，影响了村容村貌的整体美观，基础设施不仅要建设好，更要保持好、维护好，才能保持村容村貌的长久美观。因而，小河新村应该进一步探索基础设施运维管的长效机制。

### 3. 甘肃省天水市清水县山门镇高桥村

### (1) 高桥村基本概况

高桥村位于山门镇东部，距离镇政府所在地3.5千米，地处林缘地区，属温带大陆性季风气候，行政面积1.316平方千米。现辖罗庄、张庄、闫家、黄台、樊王、迁通6

个自然村，共167户731人，常住人口147户660人，占比90.2%。2019年村集体经济收入8.3万元。近年来，高桥村将开展人居环境整治作为打赢脱贫攻坚战的重要内容来抓，大力开展人居环境整治工作，居住环境有效改善。

**（2）农村人居环境整治的典型做法与成效**

高桥村以推进全面建成小康社会、高质量完成脱贫攻坚为目标，以建设美丽乡村为导向，以开展改善农村人居环境集中整治和探索完善长效管理机制为抓手，以乡村振兴统筹发展为契机，认真贯彻落实习近平总书记扶贫开发战略思想和中央省市县、镇党委政府决策部署，坚持绿色发展与特色产业发展相融合，着力在人居环境整治上下功夫。人居环境整治过程中其主要成就体现在村内污水治理方面。

①农村生活垃圾治理

"农户源头分类、村级连片转运、乡镇就近处理利用、第三方专业运营"。高桥村垃圾实施分类收集管理，探索形成了"户分类、乡处理"的全域无垃圾治理体系，村内为每户配备"三筐一桶"垃圾桶（三个分类式垃圾收集桶，一个可腐烂垃圾收集桶）。村内配备保洁员6名，月薪1 000元，配套制定村内分单元的保洁制度，即每位保洁员配备一辆垃圾运转车负责一个自然村的垃圾收集和街道清理工作。村内垃圾分为生活垃圾、生产垃圾两大类处理，生产垃圾又分为可回收垃圾、不可回收垃圾、可腐烂垃圾三小类分别处理。

村内共配备建筑垃圾填埋点1处，每个自然村配备生活垃圾集中收集点1处，可腐烂垃圾沤肥点1处，每两周由村民组成垃圾运转队，统一将建筑垃圾运送至村内建筑垃圾填埋点进行填埋处理，不可回收垃圾运至村内垃圾堆放点后，由第三方企业北京基亚特环保科技有限公司运往焚烧站进行无害化处理，可回收垃圾由村内村民自发回收售卖利用，可腐烂垃圾由村民自行堆放至沤肥点，熟化后还田利用。村内部分养殖户所产出粪便由村内加工车间出资收集。

生活垃圾处理基础设施

目前高桥村垃圾桶、垃圾点建设及保洁员的设备、工资均由镇政府出资，垃圾运转队工资由村集体出资。高桥村的垃圾处理模式在分类、收集上都获得一定成效，已全面杜绝村民垃圾乱投放现象。

②农村生活污水治理

高桥村切实践行农村绿色发展理念，结合村情实际，因地制宜新建成高桥新村污水处理站。高桥村污水处理站污水处理规模15立方米，占地4.42亩，配套建设污水收集管网，项目总投资105万元。主要处理高桥村居民日常盥洗水和厨房用水，具有节能环保、投资少、运行费用低、出水稳定等特点。整个系统无需电耗，运行成本低，操作维护管理简便，对操作人员技术水平要求低，出水水质稳定达标。原水经管网统一收集到污水处理站，年可处理生活污水约5 400立方米。污水处理采用"沉淀池＋调节池＋生物滤池＋人工湿地工艺"，出水达到甘肃省地方标准《农村生活污水处理设施水污染物排放标准》（DB62/T 4014—2019）一级标准。污水处理站由一体化设备、生物滤池和人工湿地组成，一体化设备包括沉淀池和调节池。污水首先进入沉淀池，污水中的泥沙和悬浮物在沉淀地中沉淀，与水分离，可有效避免对后续处理系统的堵塞，沉淀池出水自流进入调节池，调节水量和均化水质，调节池出水进入生物滤池＋人工湿地。在生物滤池内利用土壤、滤料、植物和微生物的物理、化学、生物三重协同作用下，将污水进行净化，去除废水中的有机物、氮、磷和悬浮物等污染物。生物滤池的作用机理包括吸附、过滤、氧化、沉淀、微生物分解，出水自流进入人工湿地进行深度处理，通过人工湿地内滤料植物的过滤、吸附、分解组合作用实现污水的进一步净化，确保牛头河上游源头水水体的水功能要求。

高桥村生活污水处理设施

改造后的户厕和公共厕所

③农村厕所改造

高桥村厕所改造从2019年开始，2020年累计完成厕所改造90户，目前共计完成150户左右，基本实现厕所改造全覆盖，改造厕所均为三格式水冲厕所，每户补助

1 600元，其中中央财政投入100元，省财政投入600元，市财政投入300元，县财政投入600元。第一格的每天接受粪便并厌氧发酵分解分层，分为首层粪皮中间粪液和底层粪渣，阻留沉淀寄生虫卵。第二格延续第一格的阻留沉淀寄生虫卵，深度厌氧发酵，杀菌杀卵。第三格进行最终储粪，流入第三池的粪液一般已经腐熟，其中的病菌和虫卵已基本杀灭和除去，可以进行肥料还田。目前高桥村厕所基本实现全程无污染，基本无臭味、干净卫生整洁。厕所后续维护费用由村民自己承担，抽粪费用为30元/次，四口之家一般两个月需抽粪1次，村内配备1台抽粪设备，由村委会保管。

④村容村貌整治

在人居环境整治方面，高桥村按照"布局合理、村庄整齐、道路宽敞、功能齐全"的原则，由县建设、发改等部门对新村道路、供排水、绿化亮化美化及文化广场等公共设施进行全方位规划设计，完善了新村功能，主要包括以下5方面改造措施。

新建养牛小区3处、养羊用房1户，解决了13户养牛户和1户养羊户发展养殖无圈舍的问题。

拆除危旧房67户95座、破旧篱笆2 000米、危墙170米、新建院墙124米、生态围栏500米、护栏1 000米，清理村内废墟3 000立方米，解决村内脏乱差的问题。

对村内进行旧村复耕，抽调劳动力150人次，清理村内建筑垃圾20吨，恢复耕地32亩，栽植农作物及蔬菜32亩，解决土地闲置的问题。

春季道路绿化栽植油松3 500株、香花槐3 000株、柳树3 000株、红叶李500株、种植百日草7 000平方米，育苗70亩，解决绿化不全面的问题。

硬化罗庄组道路270米、新修水渠250米，新建村阵地493.8平方米，解决了基础设施不完善的问题，彻底消除高桥村视觉贫困，切实改善整村人居环境。

高桥村人居环境一瞥

### (3) 存在的问题及政策诉求

①垃圾治理体系烦琐，运维监管困难

高桥村已基本实现村内垃圾全面收集、运转、处理工作，但目前尚未形成一体化的垃圾治理机制，目前的垃圾分类投放模式过于复杂，仅在村内垃圾就需要需由村民、保洁员、垃圾转运员多方配合处理。可回收垃圾、不可回收垃圾、可腐烂垃圾3种垃圾需要3种不同的投放方式，村民易出现厌烦心理，难以维持长期、高效的垃圾治理工作。目前仍需探索垃圾常态化、长效化的健康处理机制。

②村容村貌建设缺乏后续管护

高桥村属于易地搬迁类村庄，活动广场及健身设施均设立在旧村区，由于年久失修，健身设施出现生锈、破损现象，日常已无人使用，生活广场地面出现破损，壁画残缺不全，路灯使用时长超过保修期，也出现损坏现象。

③村民缺乏公共意识

部分村民在村内硬化后水泥路及村内生活广场晾晒松子和玉米，并且出现一定程度跟风现象，对村容村貌造成一定影响，政府及村委会应加强宣传，提升农民公共意识及农村主人翁意识，增加村民对村容村貌建设的正确认识。

# 致谢

2019年12月，我们承担了世界银行贷款"中国经济改革促进与能力加强技术援助项目"（TCC6）子项目"农村人居环境整治模式与政策体系研究"。近年来，我国农村人居环境整治颇见成效，农村改厕、垃圾处理、污水处理和村容村貌改善积累了丰富经验，也出现了一些问题有待探究。

我们组建了以专家学者为主的专家团队和以研究生为主的学生团队。专家团队由中国农业科学院尹昌斌研究员牵头，负责项目整体设计、确定研究大纲、凝练研究重点、组织实地调研以及修改完善书稿；专家团队成员包括中国农业科学院陈印军研究员，中国农业科学院张洋副研究员，中国农业科学院李贵春副研究员，农业农村部农村经济研究中心金书秦副研究员，中国农业科学院吴国胜博士。在研究报告和案例集的编写过程中，专家团队和学生团队结合实地调研和文献研读，系统梳理了农村人居环境整治的经验和做法，供读者参考借鉴。

为总结不同地区农村人居环境整治模式以及成功经验，项目组在我国东、中、西部地区的浙江、安徽、吉林、甘肃、山东、贵州、江西、陕西8省121个行政村开展实地调研，对当地农村人居环境整治经验做法、技术模式、取得的成效以及各方主体政策诉求进行深入调查与分析，提炼出32个典型案例。在此，感谢对本次调研给予支持和配合的各级政府部门、相关机构、当地村民等代表。同时，梳理发达国家农村人居环境建设的做法、成效和可借鉴的经验，以期为我国各地区进一步开展农村人居环境提升行动提供适宜的推广模式和借鉴经验。

同时，非常感谢农业农村部社会事业促进司、发展规划司等有关部门给予的大力支持和帮助。感谢中国社会科学院农村发展研究所于法稳研究员、农业农村部规划设计研究院农村能源与环保研究所沈玉君研究员、中国人民大学刘国华副教授、中国城市建设研究院宋薇高工对研究思路和框架提出的宝贵意见。感谢中国农业大学靳乐山教授和陈永福教授、中国环境科学研究院香宝研究员和冯慧娟研究员、北京科技大学李子富教授、清华大学刘建国教授、北京林业大学巩前文教授等专家对本书的编纂提出的宝贵意见!

需要说明的是,在研究过程中参考了大量的文献资料,尽可能在文中列出,但难免有疏忽或遗漏的可能,向各位专家学者表示崇高的敬意和深深的歉意。书中不足之处,敬请读者批评指正!

本书编委会
2021年9月于北京

**图书在版编目（CIP）数据**

农村人居环境整治模式与政策体系研究 / 农业农村部对外经济合作中心，中国农业科学院农业资源与农业区划研究所编著. —北京：中国农业出版社，2021.9
（农业对外合作与乡村振兴系列丛书）
ISBN 978-7-109-28755-6

Ⅰ．①农… Ⅱ．①农… ②中… Ⅲ．①农村－居住环境－环境综合整治－研究－中国 Ⅳ．①X21

中国版本图书馆CIP数据核字(2021)第186942号

---

中国农业出版社出版
地址：北京市朝阳区麦子店街18号楼
邮编：100125
责任编辑：郑　君　闫保荣
版式设计：王　晨　责任校对：吴丽婷
印刷：北京中科印刷有限公司
版次：2021年9月第1版
印次：2021年9月北京第1次印刷
发行：新华书店北京发行所
开本：787mm×1092mm　1/16
印张：13.25
字数：285千字
定价：80.00元

---